高职高专"十二五"实验实训规划教材

中厚板生产实训

主编　张景进　霍　锋　高云飞
主审　杨振东

北　京
冶金工业出版社
2013

内 容 提 要

全书共分 10 章，主要内容包括中厚板生产概述、中厚板轧机换辊预调、轧制生产工艺操作、厚度控制、控制轧制、控制冷却、板形控制、轧件矫直、轧件剪切、中厚板精整其他操作、热处理等。

本书主要用于材料工程技术（轧钢）专业和材料成型与控制技术专业实训教学使用，对专业技术人员也有一定的参考价值。

图书在版编目(CIP)数据

中厚板生产实训/张景进,霍锋,高云飞主编 . —北京：冶金工业出版社，2013. 4

高职高专"十二五"实验实训规划教材
ISBN 978-7-5024-5992-5

Ⅰ. ①中…　Ⅱ. ①张…　②霍…　③高…　Ⅲ. ①中板轧制—高等职业教育—教材　②厚板轧制—高等职业教育—教材　Ⅳ. ①TG335. 5

中国版本图书馆 CIP 数据核字(2013)第 077110 号

出 版 人　谭学余
地　　址　北京北河沿大街嵩祝院北巷 39 号，邮编 100009
电　　话　(010)64027926　电子信箱　yjcbs@ cnmip. com. cn
策划编辑　俞跃春　责任编辑　俞跃春　张 晶　美术编辑　李 新
版式设计　葛新霞　责任校对　郑 娟　责任印制　牛晓波
ISBN 978-7-5024-5992-5
冶金工业出版社出版发行；各地新华书店经销；北京百善印刷厂印刷
2013 年 4 月第 1 版，2013 年 4 月第 1 次印刷
787mm×1092mm　1/16；10 印张；242 千字；150 页
22. 00 元
冶金工业出版社投稿电话：(010)64027932　投稿信箱：**tougao@cnmip. com. cn**
冶金工业出版社发行部　电话：(010)64044283　传真：(010)64027893
冶金书店　地址：北京东四西大街 46 号(100010)　电话：(010)65289081(兼传真)
(本书如有印装质量问题，本社发行部负责退换)

前　言

　　本书是在企业专家深入参与的基础上，根据中厚板生产岗位群技能要求，确定中厚板生产的典型工作任务，再围绕典型工作任务组织教材内容的。目的是使学生通过完成工作任务的过程来学习相关知识，使学与做融为一体，实现理论与实践的结合，保证学生校内学习与实际工作的一致性。

　　本书主要面向中厚板生产车间，以中厚板生产的轧制、精整过程为对象，培养学生轧钢、精整岗位操作能力。

　　本书由河北工业职业技术学院张景进、山东星科智能科技有限公司霍锋、河北工业职业技术学院高云飞担任主编，参加编写的还有河北工业职业技术学院李秀敏、杨晓彩，河北钢铁集团邯钢公司张尚平、谢浩、张胜宏、崔跃，全书由河北钢铁集团邯钢公司杨振东主审。

　　本书在编写过程中，得到了河北钢铁集团邯钢公司、山东星科智能科技有限公司等单位的大力支持，在此表示衷心的感谢。在编写过程中参考了多种专业书籍、资料，在此对相关作者一并表示衷心的感谢。

　　由于编者水平所限，书中不妥之处，敬请广大读者批评指正。

编　者

2013 年 1 月

目　　录

1 中厚板生产概述

1.1 中厚板的用途及分类

中厚钢板广泛用于大直径输送管、压力容器、锅炉、桥梁、海洋平台、各类舰艇、坦克装甲、车辆、建筑构件、机器结构等领域，其品种繁多，使用温度区域较广（-200~600℃），使用环境复杂（耐候性、耐蚀性等），使用要求高（强韧性、焊接性等）。

钢板是平板状、矩形的，可直接轧制或由宽钢带剪切而成，与钢带合称板带钢。板带钢按产品厚度一般可分为厚板和薄板两类。我国 GB/T 15574—1995 规定：厚度不大于 3mm 的称为薄板，厚度大于 3mm 的称为厚板。

按照习惯，中厚板按厚度还可以分为中板、厚板、特厚板。厚度为 4~20mm 的钢板称为中板，厚度介于 20~60mm 的钢板称为厚板，厚度大于 60mm 的钢板称为特厚板。有些地方习惯上把中板、厚板和特厚板统称为中厚钢板。

按国家标准 GB/T 709—2006 规定，钢板的尺寸范围为：钢板公称厚度 3~400mm；钢板公称宽度 600~4800mm；钢板公称长度 2000~20000mm。钢板的公称厚度在上述规定范围内，厚度小于 30mm 的钢板按 0.5mm 倍数的任何尺寸；厚度不小于 30mm 的钢板按 1mm 倍数的任何尺寸。钢板的公称宽度在上述规定范围内，按 10mm 或 50mm 倍数的任何尺寸。钢板的长度在上述规定范围内，按 50mm 或 100mm 倍数的任何尺寸。根据需方要求，经供需双方协议，可以供应推荐公称尺寸以外的其他尺寸的钢板。

1.2 板带钢技术要求

根据板带钢用途的不同，对其提出的技术要求也各不一样，但基于其相似的外形特点和使用条件，其技术要求仍有共同的方面，归纳起来就是"尺寸精确、板形好，表面光洁、性能高"。这两句话指出了板带钢主要技术要求的四个方面。

（1）尺寸精度要求高。板带钢尺寸精度包括厚度、宽度、长度精度。一般规定宽度、长度只有正偏差。对板带钢尺寸精度影响最大的尺寸精度主要是厚度精度，因为它不仅影响到使用性能及后步工序，而且在生产中难度最大。此外厚度偏差对节约金属影响很大；板带钢由于 B/H 很大，厚度一般相对较小，厚度的微小变化势必引起其使用性能和金属消耗的巨大波动。故在板带钢生产中一般都应该保证轧制精度，力争按负偏差轧制。

（2）板形要好。板带四边平直，无浪形瓢曲，才好使用。但是由于板带钢既宽且薄，对不均匀变形的敏感性又特别大，所以要保持良好的板形就很不容易。板带越薄，其不均匀变形的敏感性越大，保持良好板形的困难也就越大。显然，板形的不良来源于变形的不均，而变形的不均又往往导致厚度的不均，因此板形的好坏往往与厚度精确度也有着直接的关系。

对钢板的尺寸精度和板形的一般要求参见 GB/T 709 的规定。

（3）表面质量要好。钢板的表面质量主要是指表面缺陷的类型与数量、表面平整和光洁程度。板带钢是单位体积的表面积最大的一种钢材，又多用作外围构件，钢板的表面质量直接影响到钢板的使用、性能和寿命，故必须保证表面的质量。

钢板表面缺陷的类型很多，其中常见的有表面裂纹、结疤、拉裂、折叠、重皮和氧化铁皮等。对于这些缺陷，国家标准 GB/T 14977 明确规定了热轧钢板表面缺陷的深度、影响面积、限度、修整的要求及钢板厚度的限度。对于某些特殊用途的钢板，另有专用标准加以规定。

（4）性能要好。板带钢的性能要求主要包括机械性能、工艺性能和某些钢板的特殊物理或化学性能。一般结构钢板只要求具备较好的工艺性能，例如，冷弯和焊接性能等，而对机械性能的要求不很严格。对于重要用途的结构钢板，则要求有较好的综合性能，即除了要有良好的工艺性能、强度和塑性以外，还要求保证一定的化学成分，保证良好的焊接性能、常温或低温的冲击韧性，或一定的冲压性能、一定的晶粒组织及各向组织的均匀性等。

除了上述各种结构钢板以外，还有各种特殊用途的钢板，如高温合金板、不锈钢板、复合板等，它们或要求特殊的高温性能、低温性能、耐酸耐碱耐腐蚀性能，或要求一定的物理性能等。

1.3   新型中厚板车间的特点

当代新型中厚板车间的特点是：轧钢机的大型化、强固化，轧机的产量高、质量好、消耗低，向连续化、自动化方向发展，并不断取得技术进步。

（1）除特厚或特殊要求小批量的产品，仍采用大扁钢锭、锻压坯或压铸坯外，一般均用连铸坯做原料。

（2）采用计算机控制装出炉的多段步进式、推钢式加热炉进行坯料加热，通过延长炉体，改进砌筑结构，强化绝热及利用废气余热措施（特别是采用蓄热式加热炉），不仅提高了炉子的寿命，而且降低了能耗。

（3）采用 15～20MPa 高压水除鳞箱和轧机前后除鳞装置，能有效地清除炉生和次生氧化铁皮，提高钢板表面质量。

（4）采用高强度机架，以满足控制轧制和板形控制的要求。增强刚度、强固化轧机的措施：增大牌坊立柱断面，加大支撑辊直径，加大牌坊重量。为实现控制轧制要求，轧制力已由过去的 30～40MN 增至 80～105MN，新型宽厚板轧机支撑辊直径由过去的 1800～2000mm 加大到 2100～2400mm，牌坊立柱断面由 6000～8000cm^2 增加到 10000cm^2，每扇牌坊单重由 3.6MN 增加到 4.5MN，轧机刚度由 5～8MN/mm 增加到 10MN/mm，主电机功率最大为 2×10000kW，在品种上可以生产宽 5350mm、长 60m 的钢板。

（5）为了提高钢板的精度和成材率，板形控制已成为中厚板轧机一项不可缺少的技术。广泛采用液压 AGC、弯辊装置，采用特殊轧机（如 VC 轧机、HC 轧机、PC 轧机等）、特殊轧制方法及计算机控制，实现了自动化板形动态控制。

（6）提高轧制速度（最快可达 7.5m/s），以适应坯料增大后轧件加长，缩短轧制周期。宽厚板轧机的工作辊最大直径达到 1200mm，双机架的轧机，精轧机工作辊较粗轧机工作辊直径小些，有利于轧制薄规格。工作辊一般采用四列滚柱轴承，支撑辊则采用油膜轴承。

（7）快速自动换辊以缩短换辊时间，提高轧机作业率。更换工作辊采用侧移式双小车和管子自动拆卸机构，每次只要 6~10min。更换支撑辊采用小车式，并直接拖入轧辊间，减少了轧机跨吊车的操作，有利于轧机的正常工作。

（8）交流化的主传动系统。随着电力电子技术、微电子技术的发展，现代控制理论特别是矢量控制技术以及近年来交流调速系统的数字化技术的应用，促进了交流调速系统的发展，目前交流调速的调速性能达到甚至优于直流调速。国外宽厚板轧机主传动电动机有一些由直流电动机改为交流同步电动机供电，新建的厚板轧机更是优先选用交流化的主传动系统。

（9）控制轧制与快速冷却相配合，已能生产出调质热处理所要求的钢板。

（10）采用步进式或圆盘式冷床，以减少钢板划伤，提高钢板表面质量。

（11）切边以滚切式双边剪为主，头尾及分段横切采用滚切剪。双边剪每分钟剪切次数可达 32 次。定尺每分钟可达 24 次，以满足高产的要求。

（12）在线超声波无损自动探伤，除了具有连续、轻便、成本低、穿透力强和对人体无害等优点外，还有以下优点：1）再现钢板内部缺陷，能确定其准确位置；2）可以发现其他方法不能探出的细小缺陷；3）检验效率比 X 射线等方法高 5~7 倍；4）磁力探伤只能检验磁化材料却不能探奥氏体不锈钢，而超声波则不受此限制。

（13）计算机应用在宽厚板轧机上，既提高了产量又提高了质量。目前，测温、测压、测厚，测长，测板形、超声波探伤等自动化手段齐全，从板坯仓库开始，加热炉、轧机、矫直机、冷床、剪切线、辊道输送、吊车输送、标志、检查，以及收集堆垛，已全面实现了自动化，将整个车间操作情报系统、过程计算机、管理计算机以及所有的自动化设备有机地结合起来，使车间消耗和定员大大减少。

1.4 某 3500mm 中厚板厂

1.4.1 生产规模及产品方案

生产规模：一期 80×10^4 t/a，二期 130×10^4 t/a。

产品品种：本车间生产的钢种为碳素结构钢、优质碳素结构钢、低合金高强度结构钢、船板、管线板、厚度方向性能板、汽车大梁板、桥梁板、压力容器板、锅炉板等。

产品规格：钢板厚度 6~50（二期最厚达 80）mm，钢板宽度 1500~3200mm，钢板长度 6000~18000mm，钢板质量（最大）11.85t。

连铸板坯规格：厚度 180mm、220mm、250mm，宽度 1400~1900mm（100mm 晋级），长度 1900~3200mm。

1.4.2 生产工艺流程

生产工艺流程如图 1-1 所示。

生产工艺流程具体描述如下。

（1）板坯准备及加热。板坯加热采用热装或冷装加热工艺。炼钢厂连铸车间将合格的连铸板坯用辊道运至加热炉入炉辊道，在辊道上进行称重，用推钢机推入加热炉内进行

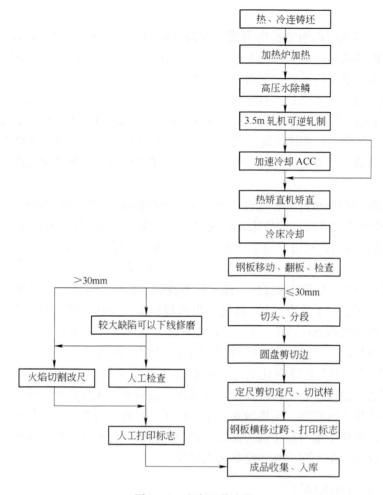

图 1-1   生产工艺流程

加热。在加热炉跨设有一定的区域，以作轧制跨板坯的存储和缓冲区域。

中厚板厂共设两座推钢式加热炉。加热炉采用双排布料方式。根据生产产品种的要求，加热炉各段炉温按照预设定的加热曲线准确控制，板坯一般加热到 1150 ~ 1250℃。对于控制轧制的微合金化钢，为了缩短控制轧制过程中的待温时间、细化晶粒，板坯一般采用较低的加热温度，其板坯温度约为 1100 ~ 1150℃。

加热好的板坯，根据轧制节奏，由出钢机依次将板坯从加热炉内一块一块地托出，平放在出炉辊道上。

（2）高压水除鳞。除鳞是指利用高压水的强烈冲击作用去除板坯表面的一次氧化铁皮和二次氧化铁皮。加热好的板坯，由出炉辊道将板坯送至除鳞辊道，同时打开 18MPa 高压水除鳞箱喷嘴，将板坯上、下表面的氧化铁皮清除，然后进入轧机前输入辊道。

（3）轧制。送达 3500mm 四辊可逆轧机入口的板坯，根据轧制表，按不同钢种和用途，采用常规轧制和控制轧制两种轧制方式，采用转向 90°+纵向轧制方式，轧后钢板的最大长度为 33m，最大宽度为 3300mm。轧后根据产品工艺要求采用常规冷却或加速冷却。

1）常规轧制。当板坯长度较短时，板坯纵向进入四辊轧机进行成形轧制，一般经过1~4道次的成形轧制后，轧件在机前或机后回转辊道上转钢90°，然后进行展宽轧制；当轧至要求宽度后，再在回转辊道上转钢90°，然后进行延伸轧制到成品厚度。轧制过程如图1-2所示。

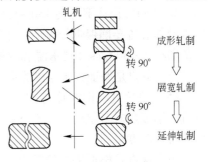

图1-2 中厚板轧制过程

当长度接近或达到最大坯料长度时，板坯先在四辊轧机入口回转辊道上转钢90°，然后进入四辊轧机进行展宽轧制，轧到产品要求的宽度后，再在轧机入口或出口回转辊道上转90°，最后进行延伸轧制，直至轧到成品厚度。

四辊轧机配备有厚度自动控制（AGC）系统，可保证产品具有良好的厚度精度和优质的板形。同时还配置了快速换辊装置。四辊可逆轧机的最大轧制速度为6.6m/s。

为了提高钢板表面质量，由轧机上的高压水除鳞集管清除轧件上的再生氧化铁皮。

2）控制轧制。对于管线钢板、船板、锅炉板、压力容器板、低碳微合金化高强度结构板等采用控制轧制工艺生产。

根据生产钢种、规格及产品性能等要求，采用两阶段控制轧制，采用多块钢交叉轧制方式。在采用两块钢交叉轧制情况下，当一块钢在轧制时，另一块钢在一侧辊道上待温，这种方式一般用于厚度较薄的板坯，轧制厚度规格较薄的产品。在采用三块钢交叉轧制情况下，当一块钢在轧制中，另两块钢在辊道上空冷待温，当温度达到目标值时，再进行第二阶段的轧制。这种方式一般用于板坯厚度大、轧制厚度较厚的产品。

控制轧制一般分第一阶段轧制、待温、第二阶段轧制，其轧制道次、待温温度、压下量、终轧温度等对不同产品有不同的要求，一般开轧温度在1050~1150℃，第一阶段轧制6~9道次，压下率占总数的50%~60%，中间待温温度850~880℃，第二阶段轧制5~6道次，压下率占总数的40%~50%，成品终轧温度770~850℃。

①关于除鳞：一般情况下，第一道轧制前均进行除鳞。此外，原则上在展宽轧制完成，纵轧（延伸轧制）开始前，控轧每个阶段待温后以及成品道次轧制前均进行除鳞操作。

②关于压下量及轧制速度：在轧制过程中，道次及压下量的选取应适合轧机的主传动及机架的能力，在展宽前、后及展宽轧制中均应视轧件宽度的大小，选取适当的压下量。在成形轧制和展宽轧制中，轧制速度应在基速或基速以下；在纵轧或轧长阶段，随着轧件温度的下降、厚度减小及长度的增加，应逐道减小压下量及提高轧制速度。

对薄规格的钢板，终轧及终轧前的后几道次的轧制过程中，应尽可能采用较高的速度，以利于轧件的变形。

轧件在辊道上空冷待温，辊道应前后不停地摆动，避免由于辊子吸热在轧件表面上产生横向黑印，并保护辊子不受损坏。

（4）轧后冷却。轧后冷却由加速冷却系统（ACC）组成。根据产品性能所要求的冷却速率和终冷温度，采用ACC系统。使用ACC系统可满足大多数产品所需要的加速冷却或直接淬火工艺要求。

对于要求进一步提高强度、焊接性能和低温韧性的产品，在完成控制轧制后，应立即进入加速冷却装置进行控制冷却。加速冷却装置对钢板上下表面同时喷水冷却，钢板温度由 770～850℃ 快速下降到 450～600℃。加速冷却的钢板厚度一般在 10～12mm 以上，并要求冷却装置要确保钢板纵向、头尾与中间、横向、上下表面的温度均匀。钢板的冷却速度范围在 5～30℃/s（视水温和板厚而定），当钢板厚度大于 20mm 时，冷却速度最大为20℃/s，主要是保证钢板厚度方向冷却均匀。

（5）热矫直。钢板通过 ACC 冷却装置辊道后，由热矫直机输入辊道送至热矫直机上矫直，钢板热矫直温度一般在 600～800℃，较薄的钢板矫直温度在 450～550℃，较厚钢板的矫直温度可超过 800℃。

矫直速度是根据钢板的矫直温度、厚度及强度确定，速度范围在 0.5～1.5m/s。

矫直机压下量主要取决于钢板的矫直温度，一般在 1.0～5.0mm 的范围选取，对温度较低的钢板取较小值，对温度较高的钢板取较大值。此外，确定压下量时还要考虑钢板厚度的影响，厚度较薄的钢板压下量大，较厚者压下量小。

钢板的矫直道次一般为一次。对于那些经过控制轧制和控制冷却的钢板可能产生更大程度的不平度，为了达到标准要求，还需要进行 1～2 次的补矫。

（6）冷床冷却。热矫直后的钢板一般在 500～700℃ 左右进入冷床，钢板在冷床上逐块排放，并通过辊盘，在无相对摩擦、不受划伤的情况下移送，待温度下降至 100℃ 左右时离开冷床。

（7）钢板表面检查与修磨。钢板冷却后，人工通过反光镜目视检查钢板下表面质量，由此确定钢板是否需要翻板与修磨。然后将钢板送到检查修磨台架输入辊道，在检查修磨台架上进行人工目视检查钢板上表面，并对检查出来的缺陷，由人工用手推小车砂轮机或手提砂轮机进行修磨。对那些下表面有缺陷的钢板，由翻板机将钢板翻转 180° 后，再由人工用手推小车砂轮机或手提砂轮机进行修磨。

（8）钢板切头及分段。钢板由修磨台架输出辊道运送至切头剪前输入辊道，由切头剪前对正装置对正后，再由剪前输送辊道送入切头剪切头。对个别头尾不规整的钢板或镰刀弯较大的钢板，可切除不规整部分或分段。

（9）钢板切边。经切头或分段后的钢板，由辊道输送至圆盘剪前，经磁力对中装置预对中，再用激光划线装置精确对中，使钢板两边的切边量对称和平行。然后开动圆盘剪前输入辊道、圆盘剪（包括碎边剪）、圆盘剪后输出辊道，以同一种速度运送，圆盘剪将钢板两边切除。

根据钢板厚度及强度，圆盘剪以不同的速度剪切钢板两边，剪切速度为 0.2～0.8m/s，剪切后的钢板由辊道送至定尺剪。

剪切下来的板边，由碎边剪碎断，碎边从剪机下的溜槽滑落到切头箱内，装满后以空箱置换，满箱由天车吊走。

（10）钢板切定尺及取样。经切边的钢板，由辊道运送至定尺机前，经对正后，由定尺剪按要求剪切成不同长度的钢板。定尺钢板最大长度为 18m。需要取样时，按要求剪切样品，由人工送往检化验室。

（11）钢板标志。定尺钢板由辊道输送，再经设在垛板下料台架的自动标志设备逐张进行成品标记。主要标明公司标志、钢种、规格、生产日期等。对经行业协会认可生产的专用钢板，如管线钢板、船用钢板、锅炉钢板等，必要时标印出会员标志等。

（12）钢板收集及入库。成品钢板输送到成品垛板下料台架，由 10 + 10t 磁盘吊车按钢板规格，把钢板逐张从台架上吊起，码放在收集台架上，经收集后的钢板垛，再用成品跨 15 + 15t 双钩夹钳吊车，运至成品堆放区堆存、入库、待发。

（13）厚板（大于30mm）收集、切割、入库。经冷床冷却后的钢板，由检查台架输出辊道输送到厚板库，可以对需要改尺的钢板和厚板进行改尺切割。切割后的成品钢板在厚板库入库存储。

1.5 宝钢5m宽厚板厂

1.5.1 概述

宝钢5m宽厚板轧机作为我国第一套现代化特宽厚板轧机，它将满足国内对管线板、高强度船板、高强度结构钢板、压力容器板等高档次产品的需求，同时有利于带动我国厚板生产技术的发展。

宝钢宽厚板轧机主作业线设备由德国西马克—德马克（SMS - Demag）及西门子（Siemens）公司提供，热处理线由德国洛伊（LOI）公司提供，板坯库及加热炉区设备主要由国内设计、供货。一期建设1架精轧机，设计年产量为140万吨；预留的粗轧机及配套精整设施建成后，最终规模为180万吨。

1.5.2 产品及原料

1.5.2.1 产品

（1）产品品种。包括管线钢板、造船钢板、结构钢板、锅炉容器钢板、耐大气腐蚀钢板及模具钢板等。

（2）产品规格。厚度 5 ~ 150mm，最大将扩至400mm；宽度900 ~ 4800mm；最大长度25m（轧制状态最大52m），最大单重24t，将扩至45t。

（3）交货状态。产品按常规轧制、控制轧制和控轧控冷（TMCP）、热处理状态交货。普通轧制产品占总产量的52%，控轧控冷产品占40%，热处理产品占8%。每年有16.8万吨（占总量的12%）的产品经涂漆后交货。

1.5.2.2 原料

一期工程年产140万吨成品钢板，需坯料约150.54万吨，其中连铸坯140万吨，初轧坯10.54万吨。连铸坯由配套厚板连铸机提供。连铸板坯尺寸：厚220 ~ 300mm，宽1300 ~ 2300mm，长1500 ~ 4800mm，单重3.3 ~ 25.8t。初轧板坯尺寸：厚120 ~ 160mm、340 ~ 500mm，宽1300 ~ 1550mm，长1500 ~ 4800mm，单重1.84 ~ 24.3t。待粗轧机投产后将增加大钢锭或锻坯，使用少量自开坯以替代初轧坯。

1.5.3 工艺布置

宝钢宽厚板轧机一期工程主厂房由板坯接收跨、板坯跨、加热炉区、主轧跨、主电室、磨辊间、冷床跨、剪切跨、中转跨、热处理跨、涂漆跨以及成品库等部分组成，设备构成如图1-3所示。

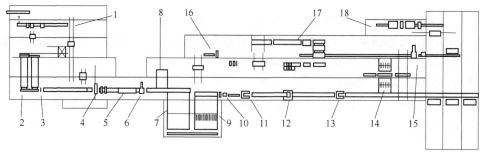

图 1-3 平面布置简图

1—板坯二次切割线；2—连续式加热炉；3—高压水除鳞箱；4—精轧机；5—加速冷却装置；6—热矫直机；
7—宽冷床；8—特厚板冷床；9—检查修磨台架；10—超声波探伤装置；11—切头剪；12—双边剪和剖分剪；
13—定尺剪；14—横移修磨台架；15—冷矫直机；16—压力矫直机；17—热处理线；18—涂漆线

1.5.4　工艺技术及装备

1.5.4.1　板坯库及加热炉

连铸板坯直接送至宽厚板轧机的板坯接收跨。暂无合同的板坯在此跨临时堆放。有合同的倍尺连铸坯经横移装置从入库辊道过跨到二次切割线，在线切割成定尺坯。二次切割线主要由对中装置、测长仪、喷印机、火焰切割机、去毛刺机等设备组成。

为实施连铸板坯热送热装工艺，厚板连铸机与宽厚板轧机毗邻布置。一期工程设置 1 座保温坑，预留 1 座，生产管理级计算机 L4 计划系统具有热装计划编制及组织实施功能。由于厚板产品批量小，所用板坯规格多，投产初期目标热装率为 20%，热装温度大于 400℃，以后逐步提高。

生产线共设 2 座步进式加热炉，采用双排装料；同时设置 1 座车底式加热炉，用于特殊规格、特殊钢种等坯料加热。

连续式炉采用多区供热的箱型结构，便于分区控制各段温度，以提高温控的灵活性和精度；采用无水冷耐热垫块，以减少板坯黑印；整个加热炉系统采用高精度燃烧控制系统，热工控制和装、出炉设备控制实现全自动化。

1.5.4.2　轧制线

在加热炉输出辊道与预留粗轧机之间，设置高压水除鳞装置，由上下两对喷水集管组成，上喷水梁高度可根据板坯厚度进行调整，调节行程 400mm。为便于合金钢等难除鳞钢种生产，高压水压力为 21.5MPa。

轧制线采用双 5m 机架布置，精轧机架采用大力矩、高刚性、高轧制速度，以满足低温控轧要求，同时为投产后拓宽产品尺寸创造条件。立辊机架与水平机架呈近接布置。

宝钢宽厚板轧机投产后将采用高水平的控轧控冷工艺。在工艺选择、平面布置及过程控制系统等方面进行了充分考虑。为了减少控轧工艺对产量的影响，拟采用多块钢交叉轧制工艺及中间喷水冷却。加速冷却装置采用喷射冷却和层流冷却组合形式，在该装置上可实现直接淬火（DQ），具有高冷却速率及冷却速率调节范围广等特点，为投产后拓宽品种创造了条件。

宝钢宽厚板轧机采用了当前最新的高精度轧制技术，除保证产品尺寸精度及外形质量满足用户要求外，还设计目标成材率为 93%，为世界一流水平。采用的高精度轧制技术包括：多功能厚度控制技术、平面形状控制技术、板形控制技术。

A 多功能厚度控制技术

采用高精度多点式设定模型，高响应液压 AGC 技术，具有监控 AGC、绝对 AGC 等功能；并在水平机架出口侧近距离布置 γ 射线测厚仪，减小监控 AGC 控制盲区，改善钢板头尾厚度精度。同时利用绝对 AGC 及模型多点设定功能，轧制变厚度（LP）钢板，以满足桥梁及造船界的特殊要求。

B 平面形状控制技术

采用水岛厂开发的 MAS 轧制法，以控制钢板的平面形状。同时配置与水平机架成近距离布置的立辊机架，采用立辊机架的宽度自动控制（AWC）短行程（SSC）功能，进一步改善钢板平面形状，提高宽度绝对精度。

C 板形控制技术

采用了 CVC^{PLUS} 和工作辊弯辊板形控制技术。工作辊窜动在道次间歇时间内完成，由于采用高次 CVC 曲线方程，因此凸度调节能力能满足生产要求。常规轧制时可减少轧制道次，提高产量；采用控轧工艺时，最终几道次上可实施累积大压下，以进一步改善钢板性能；利用 CVC 轧机大板凸度调节能力，可采用低平凸度生产控制方式，有利于提高成材率及提高厚度均匀性。为使钢板具有较好的平坦度、极小的内应力，宝钢宽厚板轧机热矫直机采用强力机型，采用预应力立柱及高刚性框架，矫直辊上辊系采用高响应伺服阀液压压下装置，具有动态控制功能，同时能矫直连续变厚度钢板；上辊系能整体前后倾动，左右倾动，预设定正、负弯辊，以尽可能改善平直度；出入口辊可单独调整，保证矫直后钢板平直地离开热矫直机。

轧制线主要设备及技术参数见表 1 - 1。

表 1 - 1　轧制线主要设备及参数

设备	项　目	技术参数	设备	项　目	技术参数
精轧机	轧机形式	CVC^{PLUS} 四辊可逆式	加速冷却装置	形式	喷射冷却和层流冷却组合式
	最大轧制力/MN	108		冷却厚度/mm	10 ~ 100
	轧制速度/m·s^{-1}	0 ~ ±3.16/7.30		冷却段长度/m	30.4
	工作辊尺寸/mm×mm	φ1210/φ1110 ×5300		钢板通过速度/m·s^{-1}	0.5 ~ 2.5
	支撑辊尺寸/mm×mm	φ2300/φ2100 ×4950		最大冷却速度（板厚 20mm）/℃·s^{-1}	35
	工作辊窜动行程/mm	±150			
	每侧最大弯辊力/MN	4		喷射段最大水量/m³·h^{-1}	7000
	轧机开口度/mm	550		层冷段最大水量/m³·h^{-1}	13000
	主电机功率/kW	2 ×10000 AC		喷射段水压/MPa	约 0.5
	主电机转速/r·min^{-1}	0 ~ ±50/120		层冷段水压/MPa	约 0.11
	主电机额定力矩/kN·m	2 ×1.91			
	牌坊质量/t	约 390			
立辊机架	最大轧制力/MN	5	热矫直机	形式	九辊全液压可逆式
	最大侧压量/mm	50		矫直钢板厚度/mm	10 ~ 100
	辊颈直径/mm	φ1000/φ900		最大矫直力/MN	44000
	辊身长度/mm	800		矫直辊直径/mm	360
				矫直速度/m·min^{-1}	0 ~ ±60/150

1.5.4.3　剪切线

宝钢宽厚板轧机采用步进式冷床，使钢板在冷却过程中表面无划伤。厚度小于50mm钢板进入宽冷床冷却，厚度大于50mm钢板进入特厚板冷床冷却。冷却后的钢板送入检查台。借助翻板机由人工对其上下表面进行检查，对表面缺陷部位进行修磨。

宝钢厚板厂备有先进的自动超声波探伤装置。该装置采用多通道宽束脉冲反射式探头，可对厚度 $h \leqslant 60mm$ 的钢板进行全板面自动连续探伤。可根据相关标准或用户要求进行自动评判，所有探测缺陷均自动记录在 C 型扫描图上。装置采用在线布置方式，从而大幅度提高了生产率。

剪切线采用 SMS – Demag 公司开发的多轴多偏心滚切式剪切机，该剪切机剪切时上弧形刀刃在下直型刀刃上滚动剪切，剪切变形区小，剪切钢板不易弯曲变形，毛刺少，剪切质量高。由于采用多轴传动，可剪切高强度的钢板，剪切速度快。剪切线采用自动剪切技术，根据钢板形状检测装置（PSG）的测量数据及上位机下达的剪切指令，对钢板进行优化剪切。剪切线设备技术参数见表1-2。

表1-2　剪切线设备技术参数

设备	项　目	主要参数	设备	项　目	主要参数
冷床、检查台架	型式	步进式	剪切机	型式	滚切式
	冷床尺寸/m×m	52.5×77（2号）		剪切钢板厚度/mm	5~50
		28.5×38（3号）		剪切钢板最大强度/MPa	1200[①]、750[②]
	检查台架尺寸/m×m	26×71.5		剪切钢板宽度/mm	1300~4900
在线超声波探伤装置	探头形式	双晶脉冲反射式直探头		最高剪切温度/°C	150
	探伤钢板厚度/mm	5~60		切头剪最大剪切速度/次·min⁻¹	13
	探伤温度/°C	<100		双边剪最大剪切速度/次·min⁻¹	30
	探伤精度/min	3mmFBH		定尺剪最大剪切速度/次·min⁻¹	18
	探伤速度/m·s⁻¹	0~1.0			

①钢板厚40mm时；②钢板厚50mm时。

1.5.4.4　精整区

精整区设备及工艺包括：火焰切割、质量检查修磨、冷矫直、热处理、涂漆等。

在剪切线跨内设置了1号火焰切割机，用于切割剪切线离线钢板及要求剪切复杂组合钢板；中转跨内设置2号火焰切割机，用于特厚板的切割和取样。

为了确保成品钢板的外观质量，对剪切线输出的钢板进行表面、尺寸、外形检查。钢板在检查站由人工对其表面、边部、平直度等进行目测检查，对质量不合格钢板，送至中转跨，根据缺陷类别，分别对钢板进行修磨处理、矫直或其他处理。需修磨的钢板，可在剪后的横移修磨台架上进行修磨。

平直度不合要求的钢板，需进行冷矫直。冷矫直机采用9/5辊变辊数矫直机，最大矫直力为35MN。对于薄规格产品，采用小辊距九辊矫直机，对厚规格产品采用大辊径五辊矫直机，钢板有效矫直厚度范围比常规矫直机扩大50%，采用小变形量最大矫直厚度可达 50mm，能满足部分热处理后钢板冷矫直的需求。

该台冷矫直机矫直辊位置均可单独调整，从而可采用灵活的矫直工艺，能显著降低钢板的残余应力且分布均匀；同时可矫直更高强度的薄规格产品，最高屈服强度可达1200MPa；上下辊系单独进行弯辊辊缝补偿，可显著改善钢板头尾的平直度。矫直辊单独传动，根据各矫直辊处的钢板弯曲半径给矫直辊以精确的转速控制。避免矫直辊附加力矩的产生，防止钢板表面损伤，减少轧辊磨损。

对于厚规格钢板，当平直度不合要求时，可用压力矫直机进行压平处理。

宝钢宽厚板轧机一期工程设置一条热处理线，采用辐射管加热无氧化辊底式炉及辊压式淬火机。钢板在该热处理线上可进行正火、淬火、回火等热处理工艺。钢板入炉前，先经抛丸处理，除去表面的氧化铁皮。钢板加热可采用连续式、摆动式及两者组合式，以满足不同工艺的要求。热处理钢板通过上下对称布置的辐射管来加热，炉内为全密封式，中间通高纯度氮气作为保护气，以防止加热过程中钢板氧化和炉辊结瘤。其处理的钢板表面质量好，温度均匀。

淬火机采用辊压式，淬火后钢板温度均匀，装置长度方向按水压不同常分为：高压区、低压区，为了保证钢板宽度方向上冷却均匀，流量分 3 个区域控制。淬火操作模式分为 3 种：连续、连续加摆动、摆动，以满足不同厚度及工艺要求。

热处理线配置过程控制系统。由数学模型计算炉内各点的温度设定，周期性地传送给基础自动化，用于动态控制。对淬火钢板，由数学模型计算需要的冷却水流量、钢板运行速度等参数，由基础自动化进行动态控制。

钢板涂漆线设在涂漆跨内。需涂漆的钢板由成品库上料，经抛丸、表面检查和修磨，再经预热、涂漆、烘干、检查和标记处理，送入成品库。

复习思考题

1-1　板带钢按尺寸如何分类；习惯上，中厚板按尺寸如何分类？

1-2　板带钢技术要求有哪些方面？

1-3　中厚板主要用途是什么？

1-4　对板带钢尺寸精度影响最大的是什么，为什么？

1-5　钢板板形要求有哪些内容？

1-6　钢板表面质量有哪些具体要求？

1-7　新型中厚板车间有哪些特点？

1-8　叙述你所了解的中厚板生产工艺流程。

2 中厚板轧机换辊预调

轧机是中厚板生产线上最重要的主机设备，用于完成从板坯到钢板的轧制过程。根据产量或规模要求，有单机架和双机架两种配置形式。

现代中厚板轧机均采用四辊可逆式，过去使用的三辊劳特式和二辊可逆式轧机已逐渐被淘汰。随着平面形状控制技术的发展，在四辊轧机机前或机后近接式设置立辊轧机的做法已得到较广泛的应用。

中厚板主轧机机组设备由机前、机后工作辊道，机前、机后推床以及主轧机机列等组成。主轧机机列由轧机本体、轧机主传动装置、工作辊换辊装置以及支撑辊换辊装置组成。

2.1 四辊轧机

2.1.1 概述

四辊轧机用于将加热后的板坯轧制到所要求的厚度和宽度，由机架、导板、压下系统、平衡及弯辊系统、窜辊系统、除鳞系统、冷却水系统、辊系、机架辊装置、除尘装置、传动系统、轧线标高调整装置及换辊装置等组成，如图 2 - 1 所示。

目前成品轧机一般均配有液压 AGC 和工作辊弯辊功能，此外一些轧机还配有窜辊系统。虽然在国外存在着工作辊交叉形式的厚板轧机（PC 轧机），但一直未在国内推广使用。对于粗轧机或钢锭轧机，受生产要求及开口度的影响，原则上配置液压 AGC 系统即可。

目前新建中厚板轧机的压下系统均由机械压下和液压 AGC 系统组成，机械压下系统布置在轧机顶部，由两个直流或交流电机带动蜗轮单元，通过压下丝杆和压下螺母调整工作辊之间的辊缝。随着技术的发展，AGC 系统逐步由上置式改为下置式，但对于某些原地改造的轧机，受原有设备基础的影响，仍采用上置式 AGC 系统。液压 AGC 油缸安装在下支撑辊轴承座底部，参与轧制线标高的调整，进行辊缝设定和过载保护，实现厚度自动控制，同时还用于 LP 钢板的轧制及钢板平面形状控制。

在牌坊的上横梁上设有上支撑辊系平衡系统。上、下工作辊的平衡分别通过设置在两端的液压缸实现，使工作辊压在上、下支撑辊上。这个系统也用于工作辊弯辊。一般工作辊弯辊/平衡缸安装在轧机牌坊的凸台上，但对于开口度较大的粗轧机，上工作辊平衡缸系统挂在支撑辊轴承座的下面。根据粗轧机的工作特点，该系统主要完成工作辊的平衡功能，弯辊能力较弱。工作辊平衡缸的两种布置形式如图 2 - 2、图 2 - 3 所示。

上、下工作辊的入、出口侧均有导板，上导板可以在辊缝调整时随上工作辊升降。

根据除鳞工艺的需要，在轧机的入、出口侧设有高压水除鳞集管，上、下成对设置。上集管随着入、出口导板的动作而动作，下集管布置在轧机两侧入、出口机架辊的下方。

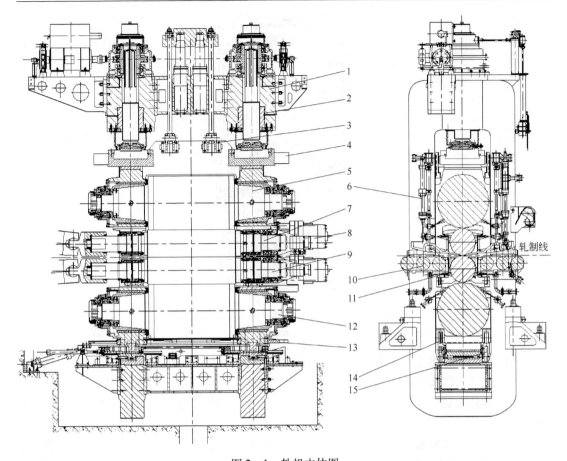

图 2-1 轧机本体图

1—机架装置；2—压下装置；3—上支撑辊平衡装置；4—液压 AGC 缸；5—上支撑辊装配；6—轧机导卫；
7—上工作辊装配；8—窜辊装置；9—下工作辊装配；10—机架辊装置；11—工作辊平衡和弯辊装置；
12—下支撑辊装配；13—轧线标高调整装置；14—支撑辊小车；15—支撑辊换辊轨道

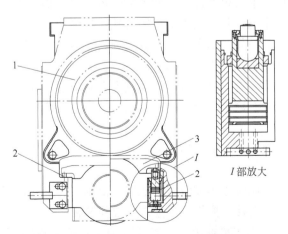

图 2-2 工作辊平衡缸设在上支撑辊轴座内

1—上支撑辊轴承座；2—液压缸；3—工作辊轴承座

轧机工作辊冷却水压力通常为 1MPa，某些轧机的集管沿宽度方向被分成 3 个冷却区，

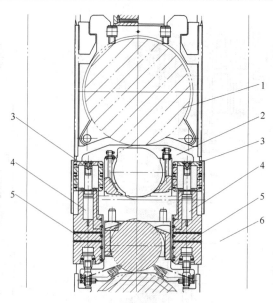

图 2-3　工作辊平衡缸设在上机架腰块内

1—上支撑辊；2—上工作辊轴承座；3—平衡缸导向套；4—活塞杆；5—缸块；6—机架

以便于控制轧辊的热凸度。上、下支撑辊冷却水压力通常为 0.5MPa。

　　工作辊采用特殊轧辊轴承，支撑辊采用油膜轴承，其润滑采用专用润滑系统。工作辊和支撑辊锁紧装置安装在轧机牌坊的操作侧，当需要换轧辊时，通过液压缸打开锁紧装置。

　　一般在下支撑辊轴承座与液压 AGC 油缸之间设置有阶梯板，下工作辊、下支撑辊磨损后，可通过窜动阶梯板和 AGC 油缸的动作配合完成轧线标高的调整。某些由 VAI 公司设计的中厚板轧机不再设置阶梯板，只采用长行程液压缸完成轧线标高的调整。

　　根据用户要求的不同，在轧机上设置有水幕除尘装置或风机除尘装置。水幕除尘装置设置在轧机入、出口侧，通过沿宽度方向的喷嘴喷水形成水幕，在轧钢时抑制烟尘。这种形式结构简单、运行成本低，是目前主要采用的轧机除尘形式。风机除尘装置需封闭整个轧机本体以达到除尘罩的效果，这种结构设备投资高、运行成本高，而且不利于观察轧机的轧制状态，因此只在少数中厚板厂采用。

　　上、下工作辊各采用一个交流变频电机通过十字头或滑块式主轴驱动，主轴平衡采用液压平衡系统。对于设置有窜辊系统的轧机，其主轴在电机侧装有用于补偿长度方向窜动的花键轴。

　　工作辊换辊是通过换辊小车或液压缸把工作辊拉出、推入机架，并在机旁侧移装置上完成新、旧工作辊的换位。

　　支撑辊换辊也是通过换辊小车或液压缸把支撑辊拉出、推入机架。根据平面布置的需要，可采用主轧跨换辊或直接由换辊小车拖入磨辊间换辊。

　　轧机工作辊与轴承、工作辊轴承座与支撑辊轴承座的滑板间存在间隙，在轧制过程中，如无固定的侧向力约束，工作辊将处于不稳定状态，不能保持固定的工作位置。工作辊的这种自由状态会造成轧件厚度不均、轧辊轴承受到冲击载荷、工作辊和支撑辊之间正常摩擦关系被破坏以及轧辊磨损加剧等不良后果。因此，保持工作辊对于支撑辊的稳定位置，对提高轧制精度和改善轧辊部件的工作条件十分重要。

保持工作辊稳定的方法是使工作辊中心相对支撑辊中心线有一个偏心距，偏心距的大小应使工作辊轴承反力的水平分力恒大于零且力的作用方向不变。对于四辊可逆轧机，工作辊向轧机入口侧或出口侧偏效果一样，偏心距一般均为 8～12mm。

2.1.2 机架装置

机架装置是整个轧机的骨架，其他各个部件基本上都安装在机架上或与之相连，它承受全部的轧制力及轧机的冲击振动。机架的刚性和强度是保证产品精度和设备可靠性的关键。

机架装置主要由操作侧和传动侧牌坊、上/下横梁、工作辊/支撑辊锁紧挡板、接轴抱紧装置、滑板、机内换辊轨道、轨座等组成。牌坊通过上、下横梁连接成闭式机架，安装在轧机轨座上，并通过斜楔与地脚螺栓将牌坊与轨座紧固于地基上，以保证整体刚性和稳定性。牌坊窗口内安装有耐磨滑板，以利于轧辊的上下运动；牌坊内侧设计有安装轧辊冷却及轧件除鳞装置的导卫的导向槽。在操作侧牌坊外侧设置工作辊、支撑辊锁紧挡板，在传动侧牌坊外侧设置轧机接轴定位的抱紧装置，在机架窗口的中部还设有机内换辊轨道等。

机架的上横梁为铸钢件或焊接件，通过螺栓和定位键与两片牌坊相连，其上平面与牌坊上部平面共同用于安装压下装置、平衡装置、平台与走梯等。

机架的下横梁为铸钢件或焊接件，通过定位键卡在两片牌坊下部，其上平面与牌坊下部窗口平面共同用于安装抬升装置、阶梯板下辊标高调整装置等。近年来，随着轧机 AGC 采用下置式布置方式，由于结构等原因，有些取消了机架下横梁。

中厚板轧机牌坊的结构形式一般采用整体铸造式，牌坊刚性好、重量轻、结构尺寸小（如宝钢5000mm轧机牌坊外形尺寸为15200mm×4670mm×2300mm），但是其加工制造难度大，炼钢、铸造、热处理、冷加工对设备的能力要求非常高，而且整体式牌坊还受到运输条件的限制；在一些大型中厚板轧机（如沙钢5000mm轧机、首秦4300mm轧机、五矿营钢5000mm轧机）中，为了降低制造和运输难度，采用分体组装式牌坊，将牌坊分别铸造成上横梁、下横梁、左右立柱等4个部分，装配时用止口（或键）和预应力螺栓组装起来，这种形式的牌坊制造难度小，加工容易，运输方便，但是设备体积庞大，结构尺寸大，现场装配安装要求高，总体吨位比整体式大30%～40%，如五矿营钢5000mm轧机牌坊外形尺寸为16290mm×6100mm×2360mm，牌坊组装重量达530多吨。

一般的，中厚板轧机精轧机和粗轧机的牌坊结构设计应尽可能一致，这样不仅设计和制造方便，而且更有利于轧机备品备件和操作更换件的统一，便于生产管理。然而，由于工艺要求的不同，可能使精轧机和粗轧机牌坊的结构和外形产生较大的变化。例如，采用钢锭轧制时，要求粗轧机开口度大，这就导致粗轧机和精轧机牌坊的外形不同；又例如，板形控制技术（弯辊和窜辊装置）集中在精轧机上使用，这就导致粗轧机和精轧机牌坊的结构有差异。此外，由于弯辊和窜辊装置的采用，还会导致粗轧机和精轧机在机架辊、主传动接轴及轧辊平衡等方面的差异。

2.1.3 轧机导卫

在轧制过程中，为了便于咬钢及抛钢，以及防止发生撞辊和缠辊事故，在轧机的入口及出口设置了导卫装置。

2.1.3.1　轧辊导板与擦辊器

轧辊导板安装在工作辊轴承座上，与工作辊辊面保持约 3mm 的间隙。其作用是：

（1）作为轧件的导向装置，使轧件顺利咬入和抛出，保护轧辊，防止轧件在轧制过程中发生撞辊和缠辊事故；

（2）挡住上部轧辊冷却水，防止冷却水直接落到轧件表面，造成钢板受热不均；

（3）其上安装擦辊器用于清洁轧辊。图 2-4 为上工作辊导板及擦辊器示意图。

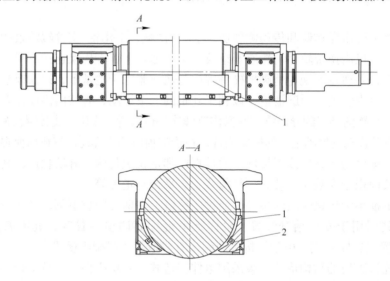

图 2-4　上工作辊导板及擦辊器
1—导板；2—擦辊器

擦辊器安装固定在轧辊导板上，用于清洁轧辊辊面，防止氧化铁皮粘连在工作辊辊面上对支撑辊产生损坏，上下工作辊均设置擦辊器。擦辊器的清洁刀片材料一般为耐热、耐磨树脂材料或特殊塑料等，采用弹簧或液压缸为动力，使刀片紧贴工作辊表面。同时擦辊器还有防止冷却水直接落在轧件和下支撑辊上的作用。

2.1.3.2　入口及出口导卫装置

入口及出口导卫装置由导卫板、导卫提升液压缸等构成，如图 2-5 所示。

A　入口及出口导卫

导卫上集成了高压水除鳞集管、冷却水集管、烟尘抑制水集管等，如图 2-6 所示，通过导卫提升液压缸悬挂在上支撑辊平衡梁上，与上辊系同步运动。同时在导卫提升液压缸的作用下，导卫与上工作辊挡水板保持紧密贴合，其作用为：对轧件进出轧机进行导向，保护工作辊和支撑辊，保护高压水除鳞喷嘴和烟尘抑制喷嘴。导卫有焊接结构和铸造结构，焊接结构简单，加工方便；铸造结构复杂，但刚性好、变形小。

高压水除鳞集管用于清除轧件在轧制过程中形成的二次氧化铁皮，除鳞压力一般为 18~21MPa。高压水除鳞可以设计成分段除鳞，节电节水。

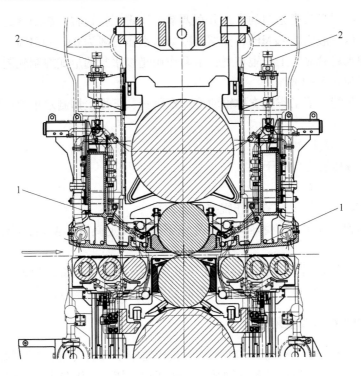

图 2 - 5 导卫装置
1—导卫板；2—导卫提升液压缸

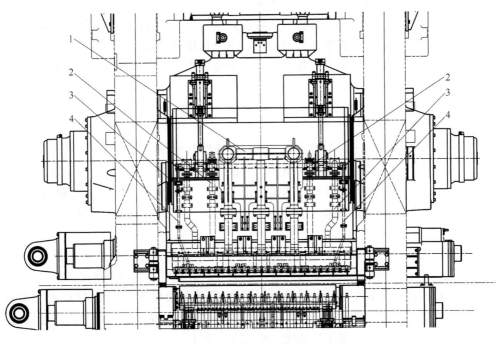

图 2 - 6 导卫
1—高压水除鳞集管；2，3—冷却水集管；4—烟尘抑制水集管

冷却水集管装在导卫内侧，用于对工作辊及支撑辊的冷却。对工作辊可设计成分段冷

却形式，通过沿辊身长度方向的水量分布调节，实现工作辊辊身热凸度的补偿与控制。工作辊冷却水水压一般为 1~2MPa，支撑辊冷却水水压一般为 0.3~1MPa。

烟尘抑制水集管靠近工作辊布置，主要作用是以水封的形式控制轧制过程中产生的烟尘，水压一般为 0.5~1MPa。

下高压水集管、下工作辊支撑辊的冷却水集管、下烟尘抑制水集管均固定布置在机架辊下方。

B　导卫提升液压缸

导卫提升液压缸主要用于：

(1) 平衡导卫重量；

(2) 工作时保持导卫贴紧工作辊挡水板；

(3) 在更换工作辊、支撑辊时，将导卫下降到设定高度，换辊完毕，将导卫升起到工作位置；

(4) 更换机架辊时，更换工具挂在导卫上，提升液压缸将机架辊提升到设定高度，因为增加了机架辊和更换工具的重量，因此导卫提升液压缸设有两个压力。

2.1.4　工作辊平衡和弯辊装置

工作辊平衡装置用于平衡工作辊装配、支撑辊辊子及油膜轴承锥套的重量，消除支撑辊轴颈与轴承之间、工作辊轴颈与轴承之间的间隙，使工作辊与支撑辊辊面贴合，产生压靠力，避免工作辊与支撑辊之间的打滑现象，消除在咬钢及抛钢过程中产生强烈的冲击振动现象。现代中厚板轧机普遍采用液压平衡装置。

为了控制板形，广泛采用工作辊液压弯辊控制。中厚板轧机一般采用正弯辊方式，其作用力的作用点和方向与工作辊平衡力一致，只是作用力的大小不同，所以工作辊弯辊与工作辊平衡通常采用同一套装置，弯辊装置即平衡装置。用于平衡时使用较低压力，用于弯辊时使用较高的可变压力。

2.1.5　轧线标高调整装置

轧线标高调整装置用于对下辊系辊子直径的修磨量进行补偿，并将轧机的轧线调整到公称标高偏差范围内。现代中厚板轧机的轧线标高调整方式一般是阶梯板调整，也有直接采用长行程的 AGC 缸，通过 AGC 缸来调整。前者是分级粗调，AGC 缸再精调，AGC 缸行程小；后者可以实现无级精确调整，但要大大增加 AGC 缸的行程，影响 AGC 系统控制和刚性。

阶梯板轧线标高调整装置位于 AGC 缸和下支撑辊轴承座之间，由阶梯板、安放阶梯板的框架、带导向的滑道以及传动液压缸等组成。阶梯板可以做成整体多级的或者单块多级的，安放阶梯板的框架相当于一个移动小车。带导向的滑道安装在 AGC 缸活塞杆上。传动侧和操作侧的支撑辊轴承座下各有一个安放阶梯板的框架，中间通过连杆连接成一整体，构成一个小车。液压缸位于传动侧，作用在小车上。

阶梯板轧线标高调整装置上面有防护罩，可以防止氧化铁皮落在阶梯板上，并且阶梯板上还可以安装用于吹扫的带喷嘴的集管，清理氧化铁皮。

图 2-7 为中国二重设计的阶梯板轧线标高调整装置，其结构特点是：两侧滑道单独

固定；安放阶梯板的框架带轮子，在滑道上滚动，并且两侧靠横梁螺栓连接为一体，相当于一个带轮子的移动小车；阶梯板中基垫和加垫都是单块的，基垫每相邻两级之间相差5mm，加垫后也是每相邻两级之间相差5mm；液压缸动作行程控制是多点位置控制，可用多个接近开关，也可采用在液压缸上安装位移传感器。

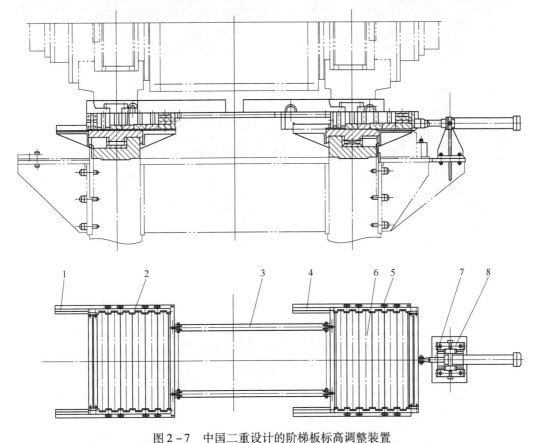

图 2 − 7　中国二重设计的阶梯板标高调整装置

1—操作侧有导向作用的滑道；2—操作侧安放阶梯板的框架；3—拉杆；4—传动侧有导向作用的滑道；

5—传动侧安放阶梯板的框架；6—阶梯板；7—液压缸；8—缸座

图 2 − 8 为西马克公司设计的阶梯板轧线标高调整装置，其结构特点是：导向板只起导向作用，直接固定在 AGC 缸活塞上的均压板上；安放阶梯板的框架是整体结构，底部两边缘安装自润滑耐磨板，在 AGC 缸体外 4 个滚轮上滚动；阶梯板由两个整体垫块组成，一个 4 级，一个 5 级，每相邻两级之间相差 15mm，可调整范围是 $15 \times 8 = 120$mm；与下支撑辊轴承座底部弧面垫配合使用；液压缸动作行程控制是多点位置控制，在液压缸上安装位移传感器来控制位置。

2.1.6　支撑辊换辊轨道

支撑辊换辊轨道位于轧机牌坊窗口的底部、AGC 缸和轧机牌坊立柱之间。它有两种形式：一种是固定式，一种是升降式，升降式需要配备一套抬升装置。抬升装置用于抬升支撑辊换辊轨道及下辊系来实现换辊，同时提供阶梯板更换的空间。

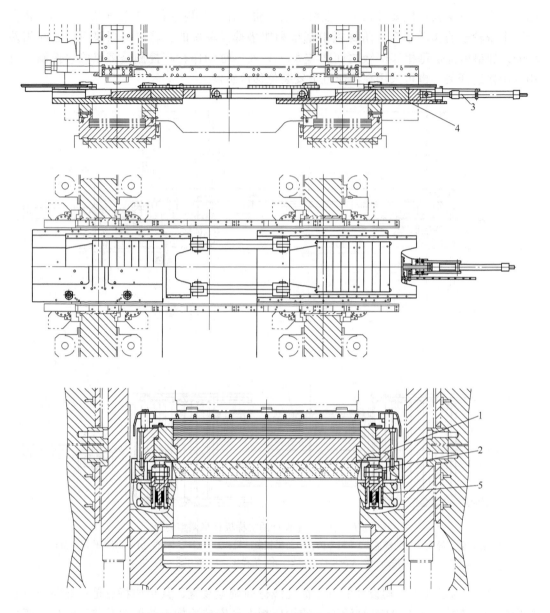

图 2 - 8　西马克公司设计的阶梯板标高调整装置
1—导向板；2—安放阶梯板的框架；3—液压缸；4—阶梯板；5—滚轮

　　奥钢联设计的支撑辊换辊轨道是固定式的，抬升支撑辊用 AGC 缸来完成，支撑辊轴承座在轨道上滑动换辊；西马克公司设计的支撑辊换辊轨道是垂直升降的，支撑辊轴承座也是在轨道上滑动换辊，轨道下面用 8 个垂直安装的液压缸来升降；而中国二重设计的支撑辊换辊轨道是通过传动侧的两个液压缸推动带滚轮的换辊轨道在斜面上行走来实现升降，并有一定的水平位移来实现与机外换辊轨道接平；支撑辊轴承座下面有带滚轮的支撑辊小车，小车沿换辊轨道行走。

　　图 2 - 9 为中国二重设计的斜面升降的支撑辊换辊轨道示意图。图 2 - 10 为西马克公司设计的可升降的支撑辊换辊轨道。图 2 - 11 为奥钢联设计的固定式支撑辊换辊轨道。

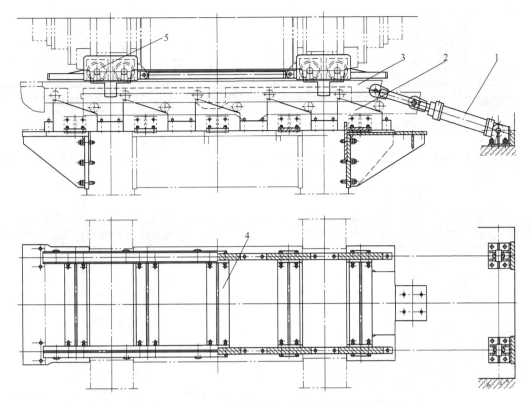

图 2-9 中国二重设计的斜面升降的支撑辊换辊轨道

1—两个升降液压缸；2—斜面；3—带轮子的支撑辊换辊轨道；4—斜面横梁；5—支撑辊小车

2.1.7 换辊装置

中厚板轧机换辊装置包括工作辊快速换辊装置和支撑辊换辊装置。其作用是将旧辊从机架窗口中拉出，将新辊推入机架窗口。

由于轧件在轧辊中间经过多个道次的可逆轧制才能达到成品厚度，所以轧辊磨损很快，轧辊更换周期很短，一般更换周期：工作辊 1~2 个班，支撑辊 15~30 天。因此缩短换辊所占停机时间非常重要。现代的中厚板轧机工作辊换辊时间要求 10~15min，要经多个步骤来完成，所有的步骤是按逻辑顺序实现的。支撑辊换辊时间 1~1.5h，动作比工作辊换辊复杂，有部分手动操作。

换辊方式多种多样，是根据用户的需求以及工艺布置等实际情况来决定的。有的要求将轧辊直接拉入磨辊间，有的是经过跨车来实现轧辊的过跨运输；换辊装置有的是液压缸来驱动，有的是电动小车来驱动。下面介绍几种常用的换辊装置。

2.1.7.1 工作辊换辊装置

工作辊换辊装置有液压推拉+液压横移车式、电动推拉+液压横移车式。

A 液压推拉+液压横移车式

如图 2-12 所示，液压推拉+液压横移车式工作辊换辊装置由推拉液压缸、翻转架、翻转液压缸、横移平台、横移液压缸等组成，布置在轧机操作侧地面上。横移平台由横移

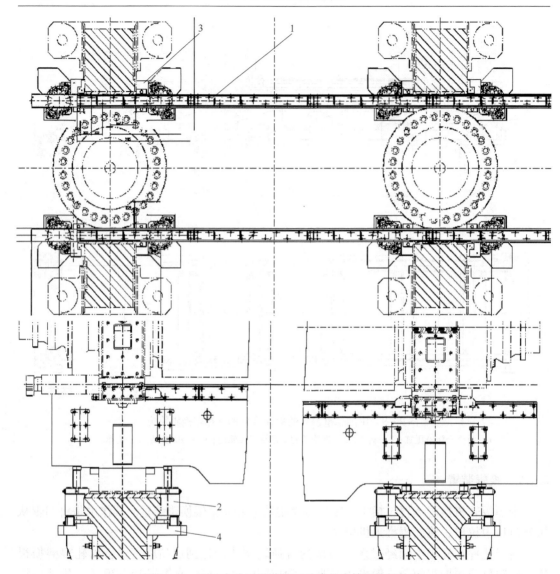

图 2 – 10 西马克公司设计的可升降的支撑辊换辊轨道
1—支撑辊换辊轨道（2 根）；2—升降液压缸（8 个）；3—导向装置；4—液压缸座

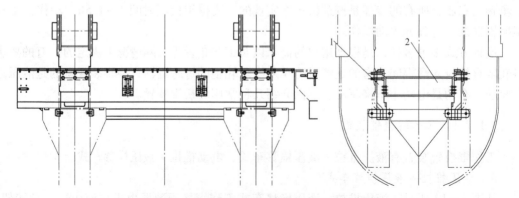

图 2 – 11 奥钢联设计的固定式支撑辊换辊轨道
1—轨道；2—连接梁

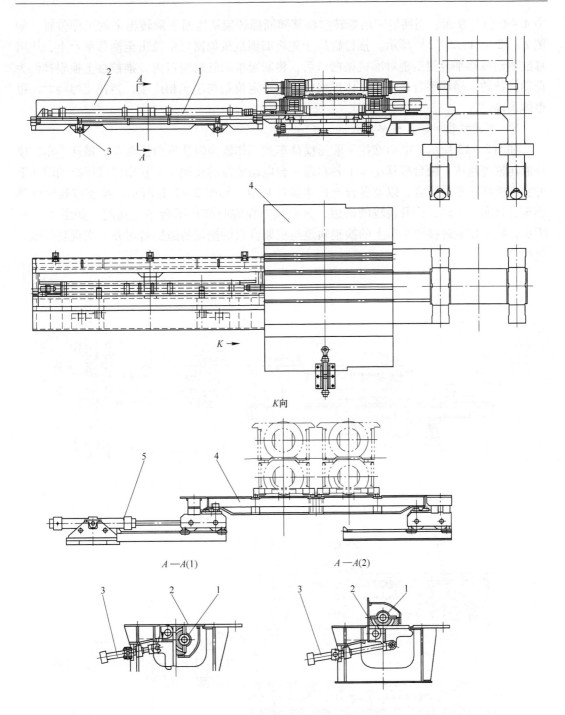

图 2 – 12　液压推拉 + 液压横移车式工作辊换辊装置
1—推拉液压缸；2—翻转架；3—翻转液压缸；4—横移平台；5—横移液压缸

液压缸驱动，其上有两组轨道可承放两组工作辊，一套为从磨辊间运来的新辊，一套为从
轧机窗口内拉出来的旧辊。在横移缸的驱动下横移平台上的一组轨道与轧机窗口内的换辊
轨道对准，供新旧轧辊更换。推拉缸固定在翻转架上，平时翻至地下作为平台，如图 2 – 12

中 $A-A$ （1）所示；当换辊时由翻转缸将其随同翻转架从地面下翻转出来到工作位置，如图 2 - 12 中 $A-A$ （2）所示。推拉缸用于先将旧辊从机架窗口中拉出至横移平台上，用横移缸驱动横移平台使新辊对准机架窗口后，将新辊推入轧机窗口内。推拉缸上换辊挂钩为自动摘挂的，横移平台是一个整体焊接件，通过定位销与小车相连接，当换支撑辊时，可整体吊离。

　　B　电动推拉 + 液压横移车式

　　如图 2 - 13 所示，电动推拉 + 液压横移车式工作辊换辊装置由换辊车、横移小车、横移液压缸等组成。两台横移小车上各自带一台电动推拉的换辊车，在横移液压缸的驱动下可实现横移小车的开合，以及各自与机架窗口对中。如图 2 - 13b 所示，换支撑辊时横移小车各自向后运动，让开换辊的通道，解决换支撑辊时横移平台吊运问题。如图 2 - 13c 所示，换工作辊时横移小车上的换辊轨道与机架窗口的换辊轨道交替对齐，实现新旧辊的更换。

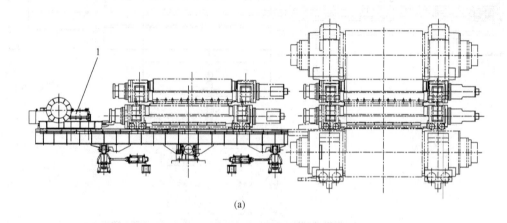

(a)

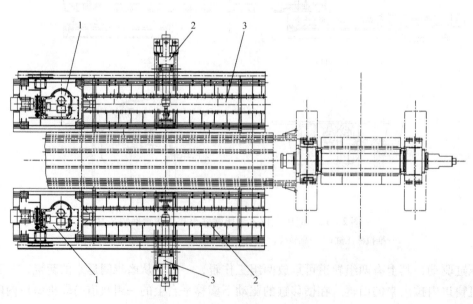

(b)

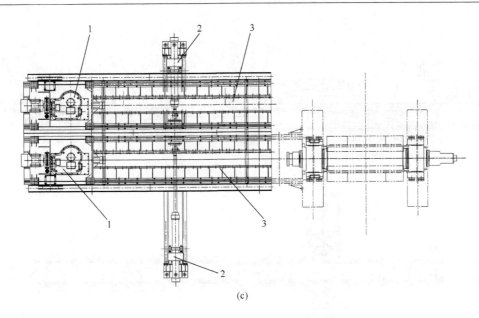

(c)

图 2-13 电动推拉 + 液压横移车式工作辊换辊装置之一

1—换辊车；2—横移小车；3—横移液压缸

如图 2-14 所示，另一种电动推拉 + 液压横移车式工作辊换辊装置是将工作辊直接从主轧跨拉到磨辊间。它由电动换辊小车、横移平台、横移液压缸、中间架体、支撑辊换辊车、行走轨道等组成。

中间架体上设有横移台架行走的轨道以及换辊小车的行走轨道，横移平台在横移缸的作用下能够实现换辊轨道与轧机内的换辊轨道对中。换辊过程如下：一对新辊放在横移平台的换辊轨道上；另一侧的横移平台在横移缸的作用下，其上的换辊轨道与轧机内的换辊轨道对中；换辊小车将旧辊从机架内拉出至横移处，在横移缸的驱动下横移平台横移到另一侧；放新辊的横移平台横移，其上的换辊轨道与轧机内的换辊轨道对中，换辊小车将新辊推入架内；换辊小车回退至横移处，放旧辊的横移平台移至轨道对中位置，换辊小车将旧辊推到中间架体上的小车行走轨道上，横移台架收回；中间架体在支撑辊换辊车的驱动下，沿行走轨道行走到磨辊间。

2.1.7.2 支撑辊换辊装置

支撑辊换辊装置有液压推拉式和电动小车式。

A 液压推拉式

如图 2-15 所示，液压推拉式支撑辊换辊装置由推拉缸、换辊轨道、换辊鞍座等组成。其作用是将一对旧辊从轧机窗口中拉出至换辊位置，再将一对新辊利用换辊鞍座推入轧机窗口。其特点是结构简单，运行平稳可靠，应用广泛，液压缸占据的空间小，但长度方向尺寸大；换辊时轧机、推床等处于不工作状态，尽管液压缸行程大、缸径大，但可以充分利用轧机液压站，而不会增大泵站的能力。换下的支撑辊由天车吊起，放在过跨平车上，进入磨辊间。

B 电动小车式

如图 2-16 所示，电动小车式支撑辊换辊装置由电动小车、支撑辊换辊轨道、支撑辊换辊鞍座等构成，适用于换辊行程较大或直接将支撑辊拉入磨辊间的轧机。

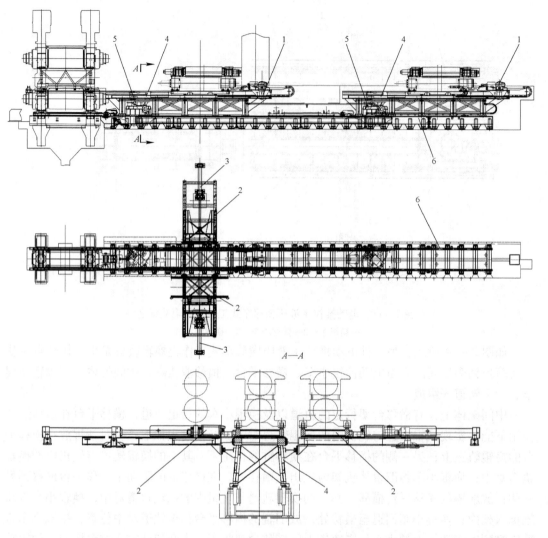

图 2 - 14　电动推拉 + 液压横移车式工作辊换辊装置之二

1—电动换辊小车；2—横移平台；3—横移液压缸；4—中间架体；5—支撑辊换辊车；6—行走轨道

C　挂钩、摘钩方式

为了加快换辊的速度，尽量使挂钩、摘钩自动完成。如图 2 - 17 所示，采用气缸（或液压缸）驱动实现自动挂钩与摘钩；如图 2 - 18 所示，挂钩固定在换辊车上，换辊过程中，轧辊抬起时，换辊车开进，到工作位置停止，轧辊落下，挂钩的钩头刚好卡在轧辊轴颈处，实现自动挂钩，摘钩时操作相反。

工作辊换辊轴承座和支撑辊换辊轴承座与轨道之间的运动关系，中国二重轴承座采用滚轮在轨道上滚动，两者之间是滚动摩擦关系；而西马克公司、奥钢联轴承座采用的是滑轨形式，滑轨在轨道上滑动，二者是滑动摩擦关系。由于滑动摩擦比滚动摩擦摩擦系数大得多，因此同样的轧辊，西马克公司、奥钢联公司的换辊电机或液压缸都要增大很多，结构复杂、维护困难；同时由于氧化铁皮散落在轨道面上，不仅增大了滑动摩擦力，也加剧了轨道的磨损；而滚动摩擦除摩擦力较小外，对轨道的磨损也小得多。

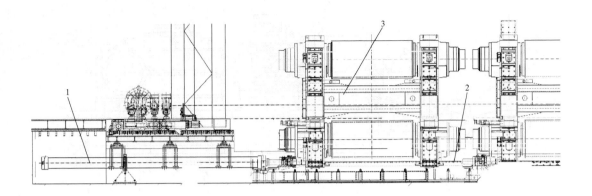

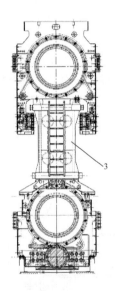

图 2-15 液压推拉式支撑辊换辊装置
1—推拉缸；2—换辊轨道；3—换辊鞍座

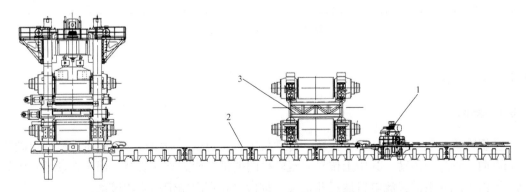

图 2-16 电动小车式支撑辊换辊装置
1—电动小车；2—支撑辊换辊轨道；3—支撑辊换辊鞍座

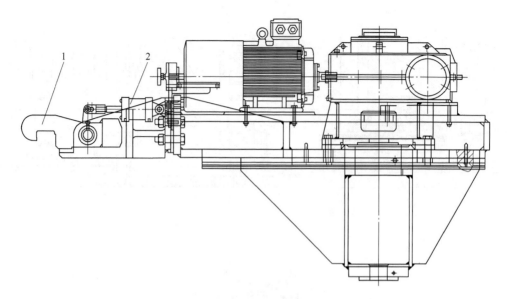

图 2-17　气缸（或液压缸）驱动的挂钩、摘钩方式
1—挂钩；2—气缸（或液压缸）

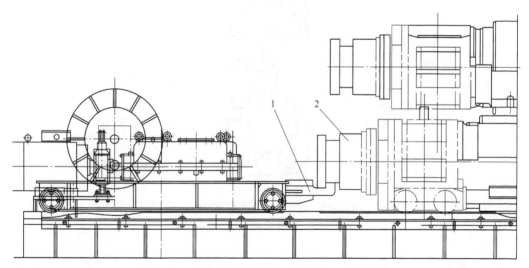

图 2-18　挂钩固定在换辊车上的挂钩、摘钩方式
1—挂钩；2—轧辊

2.2　立辊轧机

2.2.1　概述

　　立辊轧机一般由机架、压下系统、传动装置、立辊辊系等组成。立辊由电机通过减速机和万向接轴进行传动。其中上传动立辊轧机的电机一般为立式安装。而下传动的立辊轧机一般由卧式安装的交流电机通过花键轴、锥齿轮和直齿轮带动立辊转动。

　　立辊装配在可移动的轧机辊架中，机械式压下系统一般采用交流变频电机通过蜗轮减速机带动压下丝杆完成压下动作。

立辊及轧机辊架通过液压缸（AWC缸）进行移动，并具有自动宽度控制（AWC）和短行程控制（SSC）功能，可配合平面形状控制技术提高钢板宽度的尺寸精度，同时也可有效地控制钢板头部和尾部的形状。

两个液压缸（AWC缸）配有内置位移传感器，以便准确定位，轧制前AWC必须处于"接通"状态，辊缝先调到设定位置，该位置随轧件出口厚度和预计的轧制力（为加载的辊缝基准）变化。

立辊轧机按传动方式可分为上传动或下传动立辊轧机，并有单电机传动和双电机传动之分。根据电机的安装方式也可分为卧式电机传动和立式电机传动方式。分离式立辊轧机主要采用下传动，仅在国外有少量的分离式立辊轧机采用上传动形式。近接式立辊轧机主要采用上传动，但部分卷轧中板的炉卷轧机采用了下传动形式。

上传动立辊轧机通常附着安装在轧机的入口或出口侧，与下传动相比，传动机构简单，易于维护。但该种机型体积庞大，设备较重，投资相对较高，并严重影响操作视线，使操作工无法监测该区域的轧制状态，当出现异常事故时难以做出迅速反应。

下传动立辊轧机在轧制线以上的空间开阔，操作视线好。但主要部件均在轧制线下方，设备基础较深，维修空间狭小，传动机构复杂，工作环境恶劣，设备检修和维护较为困难。

2.2.2 立辊轧机的主要作用

立辊轧机的主要作用如下：

（1）立辊轧边法控制钢板的平面形状，减少了切边量，提高了板坯成材率。有资料显示，采用新型立辊轧机综合成材率提高0.5%~1.5%，这对于不锈钢及各种合金钢更为必要。

（2）齐边功能，将水平轧制钢板展宽量压缩回去，保持既定的板宽，并可消除凸凹形板边，防止轧件边缘产生鼓形、裂边、边部折叠、边部减薄，形成边缘整齐的板材。

（3）立辊轧机配合四辊轧机使用MAS法轧制，可以很好地控制钢板的平面形状，实现无切边轧制。

2.2.3 立辊轧机的设备组成

2.2.3.1 上传动式立辊轧机

图2-19为国内某公司的上传动式立辊轧机组成示意图。由机架装配、立辊辊系、侧压系统、侧压平衡装置、主传动装置、接轴平衡装置、中间过桥、导卫装置、机架辊（图中未示）等组成。

A 机架装配

机架是轧机最终承受轧制力的部件，需要有足够的强度和刚度。有整体铸造式机架和组合式机架，整体铸造式机架刚性好，但加工和运输不便。如图2-20所示，组合式机架由牌坊横梁（两片）、底板（两片）、上立柱（两根）、下立柱（两根）、预应力螺栓、支架、导轨、滑板等组成。两片牌坊横梁与四根立柱通过预应力螺栓连接组成机架，安装在与基础相连接的底板上。左右支架连成一体组成上部平台安装在机架上，用于安装主传动减速机及接轴平衡系统；上立柱安装有轧辊行走导轨，上下立柱内侧均设有滑板；机械压

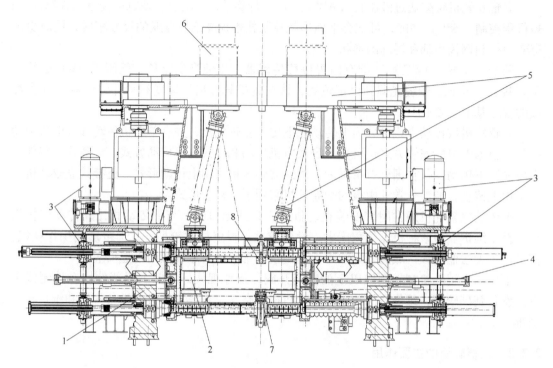

图 2 - 19 上传动式立辊轧机的组成

1—机架装配；2—立辊辊系；3—侧压系统；4—侧压平衡装置；5—主传动装置；
6—接轴平衡装置；7—中间过桥；8—导卫装置

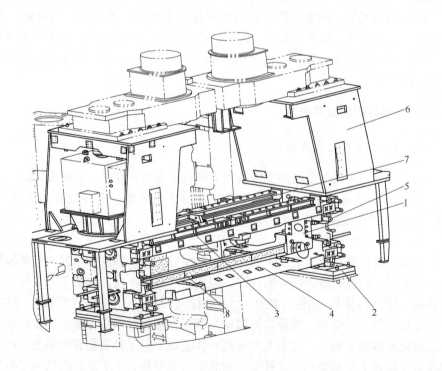

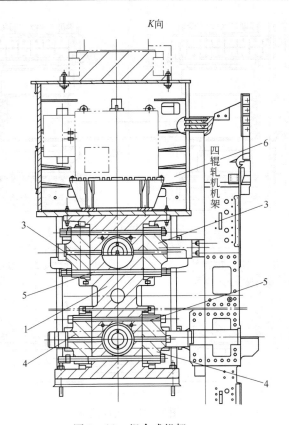

图 2 – 20　组合式机架

1—牌坊横梁；2—底板；3—上立柱；4—下立柱；5—预应力螺栓；6—支架；7—导轨；8—滑板

下、液压 AWC 以及侧压平衡装置分别安装在左右两片牌坊横梁上。立辊轧机机架与四辊轧机机架通过特殊结构相连，可大大增强高大立辊轧机的稳定性。

B　立辊辊系

辊系是立辊轧机中的核心部件，由左右两个轧辊装配组成，位于对称轧机中心线部位，轴承座上的钩头与平衡滑架上的钩头连成一体，安装在牌坊窗口内。辊系中轧辊开口度调整由侧压机构及平衡装置完成；轧辊上部扁头与主传动系统中的接轴轴套相配合，主电机旋转实现轧辊对轧件的轧制。上轴承座装有行走轮，轴承座两侧装有滑板，在牌坊窗口内滑动。滑架上装有冷却水集管及吹扫集管，如图 2 – 21 所示。

如图 2 – 22 所示，轧辊装配由行走轮装置、上轴承座、保护杆及挡水板、轧辊、下轴承座、导板、滑板、轴承、密封等组成。图中 a 为轴承座压下螺丝的作用部位，承接压下螺丝弧面头部的压下作用。

行走轮装置安装在上轴承座上，将整个轧辊吊挂在轧机上立柱轨道上。滚轮在轨道上滚动，滚轮内装有滚动轴承。行走轮装置采用集中干油润滑。

上下轴承座设计有钩头结构，与平衡横梁中的钩头相连，这样在侧压系统以及平衡缸的作用下轧辊实现开口度调整。

保护杆连接上下轴承座，使装配完毕的轧辊轴承座方向一致，保证换辊时不发生相互转向。同时，挡水板固定在保护杆上。

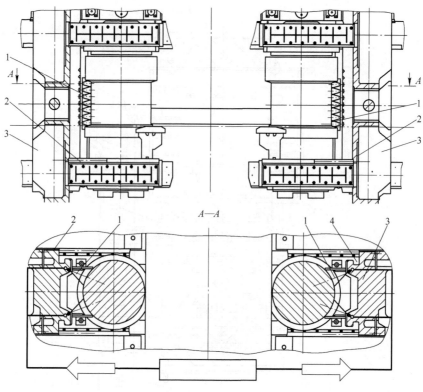

图 2-21　立辊辊系

1—冷却水；2—吹扫水；3—平衡滑架；4—轴承座

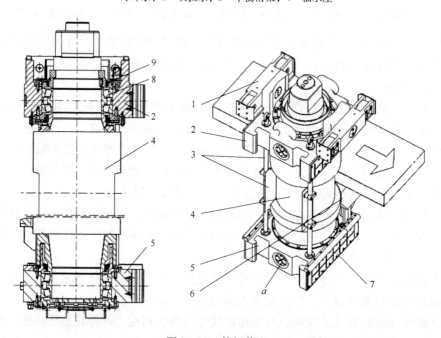

图 2-22　轧辊装配

1—行走轮装置；2—上轴承座；3—保护杆及挡水板；4—轧辊；5—下轴承座；

6—导板；7—滑板；8—轴承；9—密封

轧辊在轧制过程中直接与轧件接触，承受轧制力、轧件的冲击、热辐射、冷却水的激冷，因此对轧辊的强度、表面硬度、抗弯韧性、耐热性及耐用性有着严格的质量要求。轧辊强度是最基本的指标，在满足强度要求的同时，还必须有较高的耐冲击性和抗弯韧性。因此轧辊材质、热处理以及结构尺寸的合理选取及确定是十分重要的。轧辊一般采用高铬铸钢或半钢轧辊，表面硬度 HS40 ~ 45；轧制过程中，为了保证侧压时的稳定，轧辊辊身上下带有凸缘，辊身有两种形状：圆柱形和圆锥形（上大下小，锥度一般为 5%）。

轧辊轴承一般采用双列圆锥或四列圆锥辊子轴承，能够适应立辊轧机的工作情况，安装与拆卸都很方便，采用稀油润滑。

在轧制过程中，轧辊要承受轧件的高温，为了能够使轧辊及时得到冷却，需要向轧辊喷射冷却水。为了不使冷却水直接落在轧件上，在保护杆上设置了挡水板；为了清除氧化铁皮，设有下立柱滑板吹扫装置。所有冷却水、吹扫用水的喷射系统均设在滑架上，压力一般为 0.3 ~ 0.5MPa，如图 2 - 21 所示。

C 侧压系统

侧压系统用于轧辊开口度调整。立辊轧机宽度调整范围大，动作频繁。侧压系统均采用两套侧压装置，电动侧压 + 液压 AWC，即空载时电动调整，轧制时由 AWC 系统完成。电动侧压速度（单侧）一般为 100 ~ 150mm/s；液压侧压速度（单侧）一般为 70 ~ 125mm/s，压下量最大可达约 30mm/侧。

电动侧压装置由侧压电机、侧压减速机、位移传感器、侧压螺丝、侧压螺母、止推轴承、轧制力传感器、联轴器、止推轴承座、均压垫、轴承座同步轴、导向杆、伸缩罩、防旋转支架、制动器、中间过桥等组成，如图 2 - 23 所示。

（1）侧压电机采用低惯量直流电机或交流变频电机，带旋转编码器，能够实现无级调速，满足多种压下速度的要求。

（2）侧压减速机采用蜗轮蜗杆减速机。

（3）位移传感器当今采用大量程磁致（MTS）伸缩位移传感器，安装在侧压螺丝上。

（4）侧压螺丝采用合金锻钢材料，侧压螺丝上部为外花键，与侧压减速机蜗轮的内花键构成一对花键副；侧压螺丝下部为锯齿形螺纹，与固定在机架内的侧压螺母构成一对螺纹副。丝杠丝母采用稀油润滑。

（5）侧压螺母采用 30° + 3° 锯齿形螺纹，3° 面为受力面，30° 面为传动面，受力牙面均有润滑油，齿根部位有润滑油孔。采用离心浇铸或金属模铸黄铜合金加工而成。

（6）止推轴承由球面垫 6、凹面垫 9 组成，具有承载能力强、使用可靠的特点。

（7）轧制力传感器在轧制过程中测量轧制力，是重要的检测元件。为了节约成本，可以只在单侧轧辊上下轴承座中装有传感器，另一侧用代用垫代替。

（8）同步轴连接上下两个侧压减速机，达到同步侧压的目的。

液压 AWC 装置如同四辊轧机中的液压 AGC 系统一样，主要作用是：带钢压下，自动宽度控制和短行程控制（SSC）；可配合平面形状控制技术提高钢板宽度的尺寸精度；同时也可有效地控制钢板头部和尾部的形状。但液压 AWC 位置控制的精度远没有液压 AGC 的控制精度高，精度达到 0.1mm 即可。组成如图 2 - 24 所示，由液压缸、位移传感器、液压控制系统等组成。侧压螺母固定在液压缸活塞内,通过液压缸带动侧压螺母动作,完成短行程控制及 AWC 功能,液压缸的行程约为 60mm。这种短行程 AWC 缸可装置在机架牌坊内,也可设置在辊系平衡滑架上。

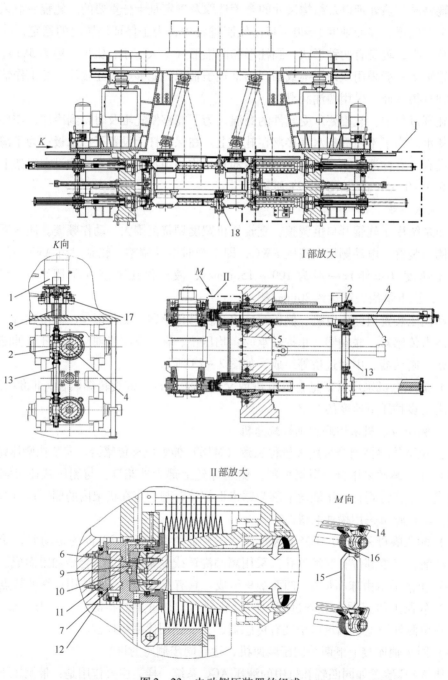

图 2-23　电动侧压装置的组成

1—侧压电机;2—侧压减速机;3—位移传感器;4—侧压螺丝;5—侧压螺母;6—球面垫;
7—轧制力传感器;8—联轴器;9—凹面垫;10—止推轴承座;11—均压垫;12—轴承座;
13—同步轴;14—导向杆;15—伸缩罩;16—防旋转支架;17—制动器;18—中间过桥

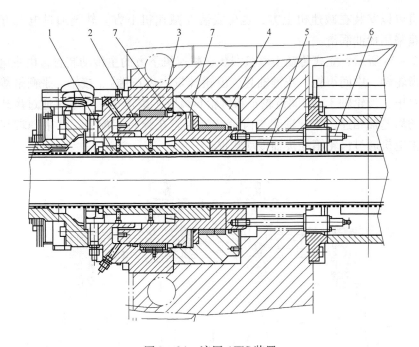

图 2 - 24　液压 AWC 装置

1—侧压螺母；2—活塞；3—缸体（1）；4—缸体（2）；5—侧压丝杠；6—位移传感器；7—油腔

D　侧压平衡系统

侧压平衡系统的作用是消除传动系统中的各种间隙，改善冲击振动，与侧压系统一起完成轧辊开口度的调整。组成有平衡缸、平衡滑架等，如图 2 - 25 所示。平衡缸固定在牌坊横梁上，活塞杆头部铰接在平衡滑架上，平衡滑架与立辊轴承座的钩头相连，如图 2 - 21 中 A - A 视图所示。

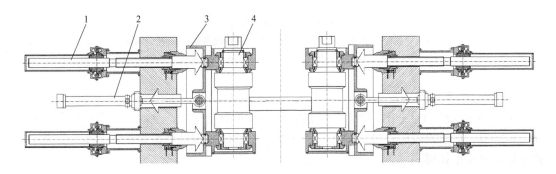

图 2 - 25　侧压平衡系统

1—侧压系统；2—平衡缸；3—平衡滑架；4—轧辊

E　主传动装置

立辊轧机是通过主电机传动减速机，经接轴传动轧辊的。电机有卧式及立式两种，若采用卧式传动，与之相配的减速机必须采用锥齿轮和圆柱齿轮的复合减速机，大型高速锥齿轮加工困难，传动噪声大；立式传动，减速机只采用圆柱齿轮，加工方便，使用可靠。

两台主电机可以安装在减速机上方，也可安装在减速机下方。轧辊通过电气方式实现同步。齿轮箱采用稀油润滑。

如图 2 - 26 所示，立式传动主电机安装在减速机下方的主传动装置，由主电机、齿式联轴器、齿轮轴、中间齿轮、花键轴套、齿轮（带内齿花键）、接轴、平衡缸等组成。从图中可以看出，齿轮轴 3、中间齿轮 4 和齿轮 6 组成了减速机。主电机通过齿式联轴器与减速机中的齿轮轴相连，花键轴套与齿轮（带内齿花键）相配合，其中一端与十字轴连接，这样主电机通过齿轮箱经接轴传动轧辊。

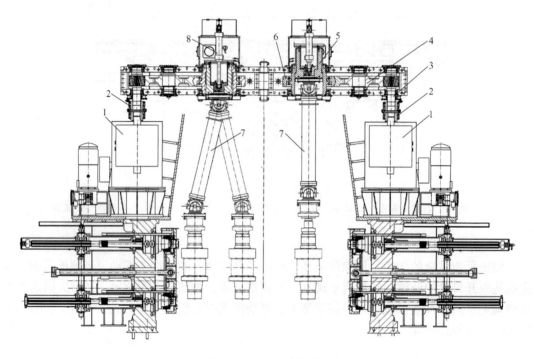

图 2 - 26　主传动装置

1—主电机；2—齿式联轴器；3—齿轮轴；4—中间齿轮；5—花键轴套；
6—齿轮（带内齿花键）；7—接轴；8—平衡缸

F　接轴平衡装置

主传动中的接轴质量比较大。为了消除接轴质量对工作辊产生的过大附加载荷，减少冲击和磨损，以及换辊时能将接轴提起，通常采用液压式接轴平衡装置。平衡力的大小与被平衡重量基本相等。

G　中间过桥、导卫装置、机架辊

在机架的下立柱的中间位置处设置有中间过桥，由惰辊与辊座组成，其作用是对轧件起到支撑作用，如图 2 - 27 所示。

立辊轧机入口侧、出口侧的上横梁上设有固定导板；入口侧机架辊的上方设有可开合的导卫板，导卫板固定在平衡滑架上，随同平衡滑架运动，滑道设在上横梁上，在立辊轧机的进出口各设有两根机架辊，其作用、组成与四辊轧机的机架辊基本一样，如图 2 - 27所示。

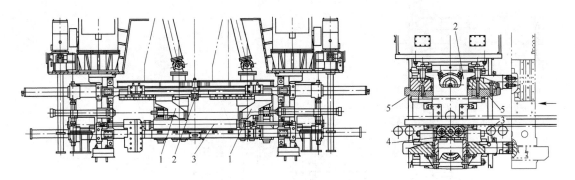

图 2 - 27 中间过桥、导卫装置、机架辊
1—导卫板；2—上导卫；3—机架辊；4—中间过桥；5—固定导板

2.2.3.2 下传动式立辊轧机

如图 2 - 28 所示，下传动式立辊轧机由机架装配、立辊辊系、侧压系统、侧压平衡系统、主传动装置、中间过桥、导卫装置、机架辊（图中未示出）等组成。

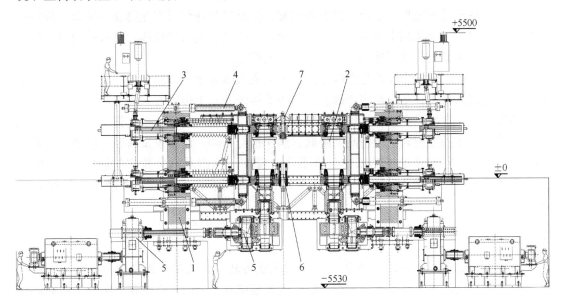

图 2 - 28 下传动式立辊轧机
1—机架装配；2—立辊辊系；3—侧压系统；4—侧压平衡系统；5—主传动装置；6—中间过桥；7—导卫装置

（1）机架装配。取消了上传动方式中的支架，机架底部增加了一组横梁，横梁上设有滑道，主传动装置中锥齿轮减速机吊挂在滑道上，并可以在滑道中行走。

（2）立辊辊系。上传动方式轧辊扁头在上方；下传动方式轧辊扁头朝下，以便传动。

（3）侧压平衡系统。与上传动方式相比，采用两个平衡液压缸驱动平衡滑架，液压缸位于平衡滑架的上下两端的端部。

（4）主传动装置。采用卧式电机传动，电气同步，如图 2 - 29 所示，由电机、立式减速机、锥齿轮减速机、传动轴等组成。

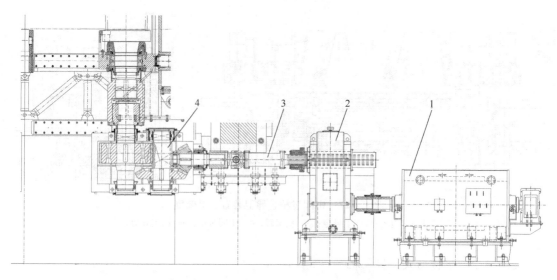

图 2 - 29　下传动式立辊轧机的主传动装置
1—电机；2—立式减速机；3—传动轴；4—锥齿轮减速机

立式圆柱齿轮减速机的上齿轮设有花键套，传动轴的花键可在花键套中滑动；传动轴一端设有花键，一端采用十字轴形式并与锥齿轮减速机的输入轴相连；锥齿轮减速机吊挂在机架装配的滑道上，随同轧辊的开合在滑道上行走。

我国近几年新建的中厚板生产线上的立辊轧机大多采用上传动方式，近接布置在四辊轧机出口侧或入口侧，是轧制生产线上最高的单体设备。上传动方式的立辊轧机虽然工作环境较好，但一次性投资大，轧辊、接轴更换困难，设备维护以及操作都不方便。

下传动方式的立辊轧机设备高度降低，操作视野开阔，设备重量减轻，取消了两根接轴，换辊方便；传动系统虽然工作环境不好（受水、蒸汽及氧化铁皮的影响），维护不便，但随着机械加工精度、可靠性以及密封技术的提高，维护量大大降低，近期有所发展。

2.2.4　轧辊更换

轧辊更换周期一般为 25 ~ 35 天。上传动式立辊轧机轧辊的更换步骤是：首先轧辊停车在最大开口度位置，然后侧压平衡缸将一侧轧辊推到接轴的铅垂位置，接轴平衡缸提起接轴，使接轴扁头套与轧辊扁头脱开，上导卫的固定销卸下，中间过桥的固定销卸下，将上导卫、中间过桥在机架窗口中推向另一侧，侧压平衡缸将轧辊推到正中换辊位置，然后通过天车和专用吊具吊走。也有采用 C 形钩来换辊。总之更换立辊步骤比较繁琐，起吊高度大，须仔细小心。下传动式立辊轧机轧辊通过天车直接吊走。

2.3　某车间换辊操作

2.3.1　换辊规定

某车间换辊规定如下。

（1）上下支撑辊为平辊，轧制量 120000t 左右更换一次，按年产 96 万吨计算，年换辊 8 次。

（2）上下工作辊应根据支撑辊的轧制量配置辊型，每套辊的轧制量不大于 6000t。当横向同板差达到 0.2mm 或钢板平直度达不到要求时，应及时换辊。

（3）工作辊表面出现热裂纹、压痕、掉肉、护板耳朵开裂或影响钢板表面质量的缺陷，应立即更换。

2.3.2 轧辊准备与管理

轧辊准备与管理内容如下。

（1）认真清洗轴承座和轴承，检查调整好间隙。

（2）轧辊轴承和轴承座应经常检查，定期调整。

（3）轧辊修磨要求见表 2-1。

（4）仔细检查轧辊表面、辊颈、辊头。

（5）磨削合格的轧辊，不得与水泥或其他腐蚀介质接触。

（6）轧辊吊运过程中，不得与坚硬物体碰撞。

（7）做好每一套轧辊的修磨、轴承座的装配、使用周期的详细记录，建立档案。

表 2-1　轧辊修磨要求

项　目	圆柱度/mm	圆度/mm	同轴度/mm	粗糙度 R_a/μm
要求	<0.01	<0.01	<0.01	0.8

2.3.3 轧辊安装与调整标准

轧辊安装与调整标准如下。

（1）支撑辊轴承座与牌坊滑板间隙的总和应小于 1mm。

（2）下支撑辊的水平度不大于 0.1mm/m，新换上的支撑辊应先调整好水平度。支撑辊辊型为折线型，即中间为平型，两边各 250~300mm 的折线，辊身边缘比辊身中间直径小 1.0~2.0mm。

（3）导卫板安装前应检查是否有裂纹、弯曲变形等缺陷存在。同一轧辊应使用磨损程度相同的导卫板。

（4）要保证轧制标高，下工作辊面比机架辊高 35~40mm。

（5）导卫板水平顶点距工作辊辊面间隙为 3~4mm。

（6）工作辊的配置，一般采用下压的配置方式，下辊直径大于上辊直径 5~15mm。

（7）下工作辊刮鳞板安装到位，紧贴辊身表面。勤检查法兰盘，发现滑丝及松动者及时更换或焊接，避免刮鳞板脱落。

（8）工作辊辊型为平辊。

2.3.4 换辊程序

2.3.4.1 手动及联锁装入新辊

（1）上支撑辊平衡缸处于最低位置，支撑辊换辊轨道处于最低位置（与外部轨道对齐），阶梯板横移缸处于换辊空程位置。

（2）各工作辊平衡缸缸杆处于缩回位置，导板升降缸使上导板处于窗口中部，接轴扁头处于铅垂位置，接轴定位缸处于卡紧状态，各轴端卡板处于打开位置（缸杆缩回）。

（3）支撑辊换辊机将一对支撑辊由磨辊间推至轧机前。

（4）用支撑辊换辊机将一对支撑辊向机架内推进，当进入机架时要点动确认无误方可继续推进到位，最后将上支撑辊轴端卡板闭合。

（5）压下螺丝与平衡液压缸，在接通高压油路后同步启动，将上支撑辊升至换工作辊位置后锁定。

（6）用支撑辊换辊机将下支撑辊及其上面的换辊托架拉出，用吊车吊走换辊托架后，再将下支撑辊推入机架到位，下支撑辊轴端卡板闭合。换辊小车后退 10mm，换辊机电动缸动作，换辊机与下支撑辊脱钩并后退。

（7）换辊及标高调整装置中的抬升缸将下支撑辊抬升至上极限位置后锁定。

（8）轨道抬升缸泄压下降，支撑辊换辊轨道降至最低位置，至此，推入支撑辊动作已完成。

（9）预先组装好的上下轴向错位 200 的一对新工作辊吊放至横移小车的轨道上，下工作辊应与换辊小车准确挂钩。旋转轨道液压缸动作，旋转轨道与对侧的固定轨道搭接好后（机械限位），横移小车动作将一对新工作辊推到机架窗口中心后停止，此时横移小车轨道中心正好对准轧机中心。

（10）开动工作辊换辊机将该对工作辊推入机架至上工作辊到位（进入机架和接轴扁头时要小心点动直到无误）后，上工作辊轴端卡板闭合（缸杆伸出），上接轴夹紧缸活塞杆退回。

（11）上工作辊平衡缸升起，将上工作辊顶起至与上支撑辊靠紧。

（12）工作辊换辊机继续将下辊推入 200mm，使下工作辊到位后，下工作辊轴端卡板闭合，下接轴定位夹紧缸活塞退回。

（13）换辊及标高调整装置中的抬升缸将下支撑辊抬升至上极限位置（此时抬升重量已包括下工作辊重量）后锁定，下工作辊随之抬起，与换辊小车脱钩，换辊小车退回原位。开动阶梯板横移缸使设定厚度的阶梯板处于工作位置。

（14）抬升缸泄压，使支撑辊换辊轨道降至最低位置，下支撑辊与阶梯板压紧，下工作辊平衡缸活塞杆伸出将下工作辊与下支撑辊压紧。

（15）导板抬升缸动作使上导板与上工作辊固定导板贴合。将上支撑辊平衡缸接通为轧制工作状态平衡压力，接通轧辊冷却水。

（16）调整轧机开口度，轧机开始工作。

2.3.4.2　换工作辊

A　换辊准备工作

（1）轧钢备品辊组提前把所要更换的轧辊备好，并在导板上写清轧辊直径和辊型数值。

（2）轧钢工换辊前应了解所换轧辊直径和辊型，检查备用辊的轴承座注油情况，导板、刮鳞板安装情况，换辊小车及吊辊钢丝绳是否正常，否则重新调整或准备。

（3）将新工作辊成对吊至位于轧机窗口外侧的横移小车的正确位置上。上、下工作辊轴向错开200mm。

（4）合上旋转辊道。横移小车（空车）中心对准轧机窗口，人工检查横移小车上的轨道与轧机换辊固定轨道对齐，间隙不大于5mm。

B 换辊程序

（1）换辊小车已开至轧机前等待位置，压下螺丝及支撑辊平衡装置、上工作辊平衡缸同步上升，使上部工作辊及支撑辊轴承座至换辊位置后锁定（新辊状态下工作辊开口度定为110mm，轧制标高为＋840mm），导板打开至换辊位置、接轴扁头已处于铅垂位置。

（2）换辊及标高调整装置中的抬升缸升至极限位置（110mm）后锁定，阶梯板横移缸动作，缸杆伸出至换辊空程位置。

（3）抬升缸泄压，支撑辊换辊轨道降至最低位置、下工作辊随之降至工作辊换辊的固定轨道上，完成与换辊小车的挂钩，下接轴定位夹紧缸夹紧（缸杆伸出）。

（4）下工作辊轴端卡板打开，换辊小车后退使下工作辊拉出200mm停下。

（5）上工作辊平衡缸杆缩回至最低位置，使上工作辊稳稳地坐在下工作辊轴承座定位销，上工作辊轴端卡板打开（缸杆缩回），上接轴定位夹紧缸活塞杆伸出，将接轴头夹住定位，换辊小车继续退回至换辊位置，至此，工作辊拉出动作完成，接此即可装新工作辊，也可更换支撑辊。

C 更换支撑辊

（1）工作辊拉出吊离后，将横移小车开至轧机入口及出口侧，为换支撑辊空出空间。

（2）换辊及标高调整装置中的抬升缸升至极限位置（110）锁定，然后开动阶梯垫横移缸进入空程，支撑辊换辊机开至挂钩位置，停止，等待挂钩。

（3）抬升缸泄压、支撑辊换辊轨道降至最低位置，下支撑辊落至换辊轨道上，支撑辊换辊机电动缸完成自动挂钩。

（4）打开下支撑辊轴端卡板，将下支撑辊从机架拉出轧机外，用吊车将换辊托架安装就位后再用支撑辊换辊机将下支撑辊连同换辊托架一起推入机架到位。

（5）上支撑辊平衡缸下降至极限位置，确定上支撑辊已准确放在换辊托架定位后，上支撑辊轴端卡板打开。

（6）开动支撑辊换辊机将换下的支撑辊拉出机架并直接拉到磨辊间。

2.3.5 轧辊使用要求

轧辊使用具体要求如下。

（1）工作辊辊身冷却水应畅通，保证辊面温度不超过60℃。

（2）轧制翘钢或刮框板后应立即停车检查辊面和上护板，如发现工作辊表面出现压痕、裂纹、掉皮及护板耳朵开裂等缺陷，应立即换辊。

（3）冬季（11月~2月）换辊、投入新辊或停轧8小时以上，再生产时应进行1小时的慢速轧制以便轧辊充分预热，此时应以平时正常压下量的60%~70%进行控制，并应减少冷却水。

（4）卡钢或跳闸时，应立即关闭冷却水，待轧件退出轧辊后，空转2~5min，再适当给冷却水；停车超过 5min 应关闭轧辊冷却水。

（5）轧制规格的安排应为：轧辊使用前期轧制窄厚规格，中期轧制宽薄规格，后期轧制窄厚规格。新投入使用的轧辊在使用初期应安排厚规格、短尺寸的钢板，以利于烫辊。

2.4　轧机预调整

2.4.1　轧前接班检查

轧前接班检查的具体内容如下。

（1）接班应检查主机列、推床、辊道、导卫护板、冷却水管、液压缸及除鳞水嘴等各部位，排除可能影响生产、设备安全运行、环保和产品质量的因素。

（2）认真检查轧辊辊面（停机），不得有影响钢板质量的压痕、裂纹、掉肉等缺陷，否则应立即更换。

（3）接班后，了解上一班的辊缝值、弹跳值及板形等情况，应将轧辊压靠进行清零。

（4）检查除鳞箱、转钢机、推床、轧机、辊道、高压水除鳞（轧机上）、AGC、APC、控冷系统等操作信号是否正常。

上述各项经检查确认一切正常后，方可开车生产。

2.4.2　某车间轧机调整

2.4.2.1　手动调平、调零操作

为保证轧辊辊缝一致，需进行调平操作。如果液压已投入，则先使轧辊压靠（单侧压力不大于 1500t，两侧压力和不大于 3000t。液压缸的油柱高度为 10mm），观察两侧压力，如不一致，则应打开压下离合器，低速将一侧压下丝杠进行微量调整，直至两侧压力基本一致为止。然后将辊缝值清零。最后将液压缸处于卸油状态后（液压缸的油柱高度为 0），抬起轧辊至适当位置后恢复油柱高度至 10mm 准备轧钢。

如果液压未投入，应准备两根规格一致的盘条，将其各放在下工作辊离端面 200 ~ 300mm 距离处（两边距离应一致），然后点动压下装置压盘条，观察两侧的压力数值，然后测量两根盘条的变形尺寸，最后打开离合器将尺寸大的一侧按盘条的尺寸差值经放大调整压下丝杠，直至两侧辊缝值基本一致为止。然后将轧辊抬起至适当位置，准备调零操作。调零时应先将压头"清零"，两侧"清零压力"应不大于 300t（单侧压力不大于 150t）。调零完毕后将轧辊抬起准备轧钢。

2.4.2.2　自动调零操作

（1）确认主传动、电动压下传动系统、AGC 液压站和轧机液压站运行正常。

（2）进入 HMI 轧机调零画面，如果轧机调零状态允许，则按钮"切换到调零过程画面"为可用状态。按"切换到调零过程画面"即可进入调零过程画面。

（3）系统自动检测一系列条件（包括液压系统运行且无故障、上下辊传动主接触器合闸、压下主接触器合闸、支撑辊平衡 OK、液压系统非快卸、非紧急停车、非手动轧钢），绿灯亮为正常。上述条件有一个不满足则调零不能继续进行，若都满足则向下的箭

头变为实心，开始调零按钮出现。

（4）按开始调零按钮 2s 后，向下的箭头变为实心，出现开动主传动和终止调零按钮。

（5）按开动主传动按钮，速度达到基准值时向右箭头变为实心，出现调零进行中，请等待……和终止调零按钮。

（6）在调零过程中，随时可以按终止调零按钮结束调零过程。

（7）上述步骤正常完成则出现"调零正常完成"和按钮接受调零数据及放弃调零数据。要保留调零数据则按接受调零数据，否则按放弃调零数据。

（8）按退出调零画面则退出调零过程画面（调零过程中不要按此按钮）。

（9）如果未具备液压 AGC，则应在手动方式下使用电动压下压靠轧辊进行调零。压靠力应不大于 2000kN，否则电动压下系统可能出现卡阻。

（10）调零完毕后，将轧辊抬起 20mm 后切换到所需工作状态。

2.4.2.3 空压靠刚度测试操作

（1）确认主传动、电动压下传动系统、AGC 液压站和轧机液压站运行正常。

（2）进入 HMI 轧机空压靠刚度测试画面，如果轧机刚度测试允许的情况下，按钮空压靠刚度测试过程为可用状态。按空压靠刚度测试过程即可进入空压靠刚度测试过程画面。

（3）系统自动检测一系列条件（包括液压系统运行且无故障、上下辊传动主接触器合闸、压下主接触器合闸、支撑辊平衡 OK、液压系统非快卸、非紧急停车、非手动轧钢），绿灯亮为正常。上述条件有一个不满足则刚度测试不能继续进行，若都满足则向下的箭头变为实心，开始刚度测试按钮出现。

（4）按开始刚度测试按钮 2s 后，向下的箭头变为实心，出现开动主传动和终止测试按钮。

（5）按开动主传动按钮，速度达到基准值时向右箭头变为实心，出现刚度测试进行中，请等待……和终止测试按钮。

（6）在刚度测试过程中，随时可以按终止刚度测试按钮结束刚度测试过程。

（7）上述步骤正常完成则出现"刚度测试正常完成"和按钮接受测试数据及放弃测试数据。要保留刚度测试数据则按接受测试数据，否则按放弃测试数据。

（8）按退出测试画面则退出空压靠刚度测试过程画面（刚度测试过程中不要按此按钮）。

復習思考題

2-1　中厚板车间的布置形式有哪几种?

2-2　中厚板主轧机机组设备由哪些部分组成?

2-3　中厚板主轧机机列由哪些部分组成?

2-4　中厚板车间粗轧机和精轧机结构上有什么不同?

2-5　轧机导卫有什么作用,由哪些部分组成?

2-6　中厚板轧机工作辊平衡装置和弯辊装置之间是什么关系?

2-7　中厚板轧机轧线标高调整采用什么装置?

2-8　中厚板轧机换辊周期通常有多长?

2-9　中厚板立辊轧机一般由哪些部分组成?

2-10　中厚板立辊轧机有哪些作用?

2-11　中厚板立辊轧机换辊周期通常有多长?

2-12　叙述换辊操作的步骤。

2-13　轧机调整有哪些内容?

③ 轧制生产工艺操作

轧制是中厚板生产的钢板成型阶段。中厚板的轧制可分为除鳞、粗轧、精轧三个阶段。

3.1 除鳞

除鳞是将在加热时生成的氧化铁皮（初生氧化铁皮）去除干净，以免压入钢板表面形成表面缺陷。初生氧化铁皮要在轧制开始阶段去除，因为这时氧化铁皮尚未压入钢中，易于去除，同时清除面积少。

中厚板轧机现在普遍采用高压水除鳞箱清除初生氧化铁皮，喷口压力一般在 15 ~ 20MPa 以上，对合金钢板，因氧化铁皮与钢板间结合较牢，要求高压水压力取高值。喷水除鳞是在箱体内完成的，起到安全和防水溅的作用。除鳞装置的喷嘴可以根据板坯的厚度来调整喷水的距离，以获得更好的效果。上集管高度的调节方式基本上有两种，即液压调节和电动调节。

为了去除轧制过程中生成的次生氧化铁皮，在轧机前后都需要安装高压水喷头。在粗轧、精轧过程中都要对轧件喷几次高压水。高压水除鳞箱结构示意如图 3 - 1 所示。

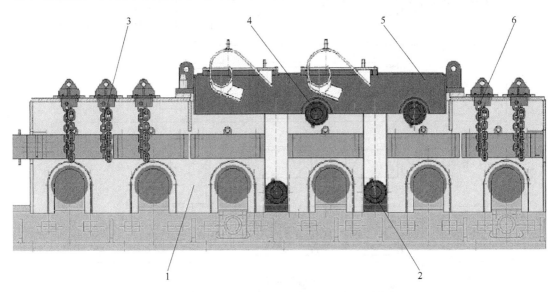

图 3 - 1　高压水除鳞箱结构示意图

1—下箱体；2—下集管；3—入口侧挡水幕；4—上集管；5—上箱体；6—出口侧挡水幕

高温板坯通过除鳞装置时，高压泵站产生的高压水经喷嘴形成高速射流，在水流的冲蚀和剥离及热爆效应作用下，钢坯表面的鳞皮迅速从其表面脱落下来。在高压水清除板坯表面氧化铁皮的过程中，主要经历了以下几个效应的联合作用。

（1）冷却效应：当高温板坯受到高压水喷射时，由于板坯母体材料和氧化铁皮的收缩程度不同而产生切向剪力，促使氧化铁皮从板坯母体上脱落。如果水量适当，氧化铁皮层收缩至刚好脱落，而又不致使板坯母体过于冷却。这是高压水除鳞系统流量的理想状态。

（2）破裂效应：在高压水的打击下氧化铁皮层破裂，进而使氧化铁皮从板坯母体脱落。其效果随喷嘴压力及喷嘴能力的增加而增大，随喷嘴距钢坯表面距离的增大而减弱。

（3）爆破效应：由于氧化铁皮层的厚度不均或有裂缝，带有压力的水流就可能"钻入"氧化铁皮和板坯母体之间，在几乎封闭的空间内，突然受热汽化而爆炸，使氧化铁皮脱落。

（4）冲刷效应：将破碎的氧化铁皮冲刷掉，不至于被轧辊压入板坯母体表面。

3.2　轧制

3.2.1　粗轧

粗轧阶段的主要任务是将板坯或扁锭展宽到所需要的宽度并进行大压缩延伸。中厚板轧机的产品宽度范围和厚度范围很大，而对应坯料规格有限，根据原料条件和产品要求，可以有多种轧制方法或称之为轧制策略供选择。一般来说，中厚板的轧制策略有5种，如图3-2所示。

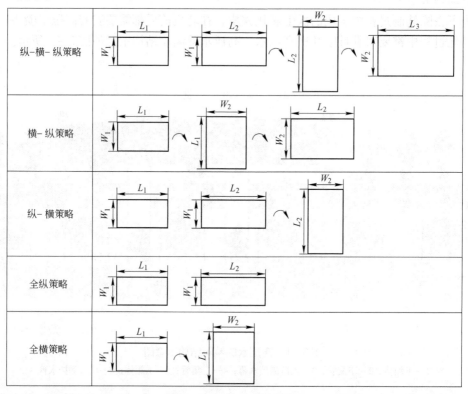

图3-2　中厚板轧制策略

综合考虑中厚板坯料尺寸、成品尺寸以及成材率要求，才能决定中厚板轧制策略。一般来说，纵－横－纵的轧制策略是优先考虑的轧制策略。近年来，由于连铸坯已经普及，为了增加坯料的单重，增大产量，很多厂家尽量加大坯料的长度，所以只要条件允许，一般不进行成形轧制，直接进行横－纵轧制。

3.2.2 精轧

精轧阶段的主要任务是质量控制，包括厚度、板形、表面质量、性能控制。轧制的第二阶段粗轧与第三阶段精轧间并无明显的界限。通常把双机座布置的第一台轧机称为粗轧机，第二台轧机称为精轧机。对两架轧机压下量分配上的要求是希望在两架轧机上的轧制节奏尽量相等，这样才能提高轧机的生产能力。一般的经验是在粗轧机上的压下约占80%，在精轧机上约占20%。

3.3 平面形状控制

3.3.1 中厚板轧制过程中的平面形状

四辊轧机采用的轧制阶段一般包括三个：成形轧制阶段、展宽轧制阶段、延伸轧制阶段，如图3－3所示。不同的产品需要的轧制阶段组合不一样，轧制策略的任务就是根据实际情况确定中厚板的轧制阶段组合。轧制策略的好坏直接影响最终产品的平面形状和成材率，同时还影响到轧制节奏。

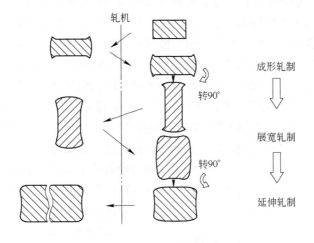

图3－3 中厚板轧制阶段

成形轧制的作用，一是消除板坯表面不平或由于剪断引起的端部压扁的影响，二是保证展宽轧制前获得适宜的坯料厚度，减少横轧时的桶形，为提高展宽轧制阶段的板厚精度和展宽精度打下良好的基础。成形阶段轧件最终长度受到辊身长度的影响，轧制道次不宜过多，一般为1~4个道次。成形阶段还有一个重要的作用，就是它可以改善最后产品的平面形状。实践证明，展宽比越大时，要想获得良好的板形和平面形状，必须增加展宽前轧件的长度，如图3－4所示。成形阶段轧件温度比较高，轧件比较厚，板形不是制约轧制规程的因素，所以在设备能力允许的范围内应尽量采用大压下量。

展宽阶段的作用很明显就是为了满足成品宽度的要求，将成形后的轧件在宽度或长度

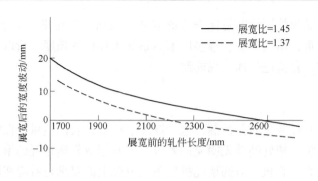

图 3 - 4　展宽前轧件长度与展宽后宽度波动值的关系

方向上得到展宽，直至获得成品钢板的毛边宽度为止。目前国内的中厚板生产过程主要采用横向展宽或纵向展宽法进行展宽轧制（对应轧制策略中的横 - 纵轧和纵 - 横轧）。展宽轧制使得轧件在纵、横两个方向上都得到变形，有助于改善钢板的各向异性。但是如果纵向变形和横向变形的分配比不合适，会造成轧件成材率降低。

　　展宽轧制后，板坯需要旋转 90°进行延伸轧制，直至满足成品钢板的厚度、板形和性能要求。延伸轧制直接涉及产品最终的厚度精度、板形精度和综合性能，所以该阶段轧制规程的分配至关重要。

　　传统的平板轧制理论基本上是以平面应变条件为基础进行的，宽厚比较大时认为横向不发生变形。但是，在前述的轧件厚度较厚的成形轧制和展宽轧制阶段，不能认为是平面应变条件，轧制中在横向也发生变形。这在轧件头尾端更为显著，发生所谓不均匀塑性变形。结果，在成形和展宽阶段产生的不均匀变形合成起来，则轧后钢板的平面形状不再是矩形。成形轧制和展宽轧制过程中发生的平面形状变化如图 3 - 5 所示。可以认为这些变化基本上是基于同一原理发生的。图 3 - 5 中 C_1 和 C_3 那样的凹形是由于头尾端局部展宽造成的；而 C_2 和 C_4 部分那样的凸形是因为宽度方向上两边部分比中间部分展宽大，因而在长度方向上发生延伸差，再加上 C_1 和 C_3 部分局部展宽的影响而产生的。作为前述平面形状变化的影响因素，除了横向轧制比（轧制宽/板坯宽，以后称展宽比）和长度方向轧制比（轧制长/板坯长）之外，还要依据以压下率、投影接触弧长等为参数的实验式定量地掌握平面形状，并与控制相结合。定性地说，在展宽比小和长度方向轧制比大的情况下，变形结果如图3 - 6（a）所示；反之，在展宽比大和长度方向轧制比小时，变形结果如图 3 - 6（b）所示。

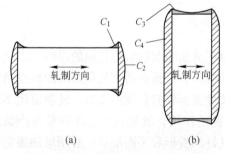

图 3 - 5　轧制过程中的平面形状改变
(a) 成形轧制后；(b) 展宽轧制后

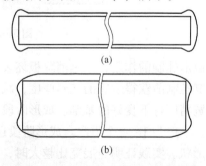

图 3 - 6　轧制结束时的钢板平面形状
(a) 展宽比小，长度方向轧制比大；
(b) 展宽比大，长度方向轧制比小

　　展宽轧制时钢板展宽量的变化受板坯形状、展宽量、展宽比和成形轧制后板坯侧边折叠量的影响，展宽变化量（$A-B$）与展宽比之间的关系如图 3-7 所示。从图中可以看出：展宽比在 1.4 左右时展宽变化量最小，小于 1.4 时成品钢板呈凹形，大于 1.4 时呈桶形，因此，随着展宽比远离 1.4，钢板切边损失增大。此外，展宽轧制时板坯厚度越厚，道次压下量越小，展宽轧制后板坯的侧边折叠量越大，其关系如图 3-8 所示。试验表明：当展宽轧制开始坯厚小于 300mm、道次压下量为 20~30mm 时，板坯侧边折叠量较小。

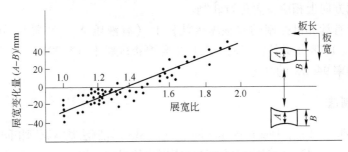

图 3-7　展宽比与展宽变化量间的关系

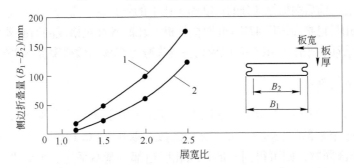

图 3-8　展宽比、展宽轧制开始坯厚和展宽轧制后侧边折叠量的关系
1—展宽轧制开始坯厚为 500mm；2—展宽轧制开始坯厚为 350mm

　　为了使轧制后钢板平面形状接近矩形，过去曾经采用过改进板坯形状和调整展宽比、长度方向轧制比等办法，效果都不明显。20 世纪 70 年代以后，由于高精度、快速响应性的液压 AGC 装置及高精度光学仪器用于中厚板厂，使多种平面形状控制办法得以使用。

3.3.2　MAS 轧制法

　　MAS 轧制法即水岛平面形状控制法，Miznshims Automotic Plan View Pattern Control System。调节轧件端面形状的原理图如图 3-9 所示。为了控制轧件侧面形状，在最后一道

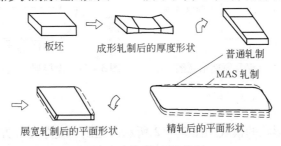

图 3-9　整形 MAS 轧制

延伸时用水平辊对宽展面施以可变压缩。如果侧面形状凸出则轧件中间部位的压缩大于两端；如果轧件侧面形状凹入，两端的压缩就应大于中间部分。将这种不等厚的轧件旋转90°后再轧制，就可以得到侧面平整的轧件，称成形 MAS 法。同理，如果在横轧后一道次上对延伸面施以可变压缩，旋转90°后再轧制就可以控制前端和后端切头，称展宽 MAS。

具体地说它是由平面形状预测模型求出侧边、端部切头形状变化量，并把这个变化量换算成成形轧制最后一道次或横轧最后一道次时的轧制方向上的厚度变化量，按设定的厚度变化量在轧制方向上相应位置进行轧制。

此法应用于有计算机控制的四辊厚板轧机上（有液压 AGC 装置），可使中厚板的收得率提高4.4%。1978 年 1 月在川崎水岛厂 2 号厚板轧机上（5490mm 轧机）采用 MAS 轧制法创造了收得率94.2%的高纪录。

3.3.3　狗骨轧制法

狗骨轧制法即 DBR 法，Dog Bone Rolling，它与 MAS 轧制法基本原理相同，即在宽度方向变化延伸率改变断面形状，从而达到平面形状矩形化的目的，如图 3 - 10 所示。所不同的是在考虑 DB 量（即轧件前后端加厚部分的长度和少压下的量）时，考虑了 DB 部分在压下时的宽展。日本钢管福山厂已把在该厂 4725mm 厚板轧机上轧制各种规格成品时必要的 DB 量制成了表格。现场实验表明，采用 DBR 法可以使切头损失减少65%，收得率提高2%左右。

3.3.4　差厚展宽轧制法

其过程和原理如图 3 - 11 所示。如图在展宽轧制中平面形状出现桶形时，端部宽度比中部要窄 ΔB，令窄端部的长度为 αL（α 为系数，取 0.1 ~ 0.12，L 为板坯长度），若把此部分展宽到与中部同宽，则可得到矩形，纵轧后边部将基本平直。为此进行如图中 b 处那样的轧制，即将轧辊倾斜一个角度（θ），在端部多压下 Δh 的量，让它多展宽一点，使成矩形。这个方法可使收得率提高1% ~ 1.5%左右。此法已用到日本千叶厂 3400mm 的厚板轧机上，在宽展的最后两道使上辊倾斜，倾斜度为 0.2° ~ 2°，左侧与右侧压下螺丝分开控制。这些操作都是由电子计算机完成的。

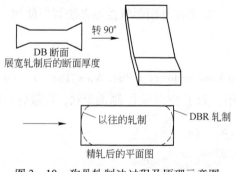

图 3 - 10　狗骨轧制法过程及原理示意图

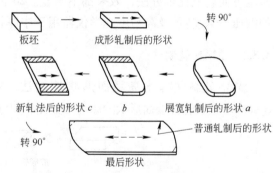

图 3 - 11　差厚展宽轧制法过程及原理示意图

3.3.5　立辊法

用立辊改善平面形状的模式如图 3 - 12 所示，但出于宽厚比等方面的原因，立辊的使用范围也受到限制。

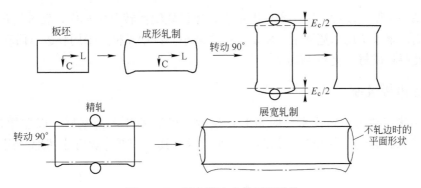

图 3 - 12 用立辊法改善平面形状

3.3.6 咬边返回轧制法

采用钢锭作为坯料时,在展宽轧制完成后,根据设定的咬边压下量确定辊缝值,将轧件一个侧边送入轧辊并咬入一定长度,停机轧辊反转退出轧件,然后轧件转过 180°将另一侧边送入轧辊并咬入相同长度,再停机轧机反转退出轧件,最后轧件转过 90°纵轧两道消除轧件边部凹边,得到头尾两端都是平齐的端部。其原理如图 3 - 13 所示。我国舞钢厚板厂采用此法使成品钢板的平面形状、矩形度以及板厚精度都得到了明显的改善。

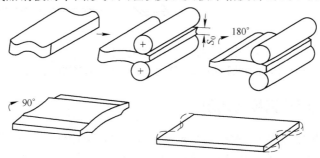

图 3 - 13 咬边返回轧制法示意图

(虚线为未实施咬边返回轧制法轧制的成品钢板平面形状)

3.3.7 留尾轧制法

留尾轧制法,这种方法也是我国舞钢厚板厂采用的一种方法。由于坯料为钢锭,锭身有锥度,尾部有圆角,所以成品钢板尾部较窄,增大了切边量。留尾轧制法示意见图 3 - 14。

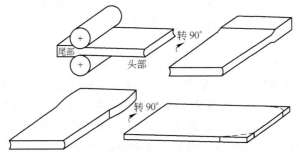

图 3 - 14 留尾轧制法示意图

(虚线为未实施留尾轧制法的成品钢板平面形状)

钢锭纵轧到一定厚度以后，留一段尾巴不轧，停机轧辊反转退出轧件，轧件转过90°后进行展宽轧制，增大了尾部宽展量，使切边损失减小。舞钢厚板厂采用咬边返回轧制法和留尾轧制法使厚板成材率提高4%。

3.4 异形钢板轧制

平面形状控制的基础技术，即矩形化技术。以这种技术为基础，以非矩形化为目的，考虑了各种异形形状控制，如图3-15所示，其中一部分业已成功地应用于实际生产中。

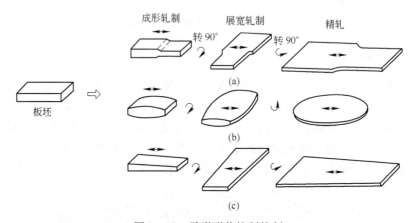

图 3-15 异形形状控制轧制
（a）不同宽度轧制法；（b）圆形轧制法；（c）锥形宽度轧制法

3.5 差厚（变截面）钢板的轧制

纵向变截面钢板也称为 LP 钢板（Longitudinally Profiled Plate），这种钢板在桥梁、造船、汽车弹簧板等领域中有很大需求，如图3-16所示。采用纵向变截面钢板后，明显的改进是：

（1）合理的梁结构截面设计，大大减少焊接的数量；
（2）合理的板厚选择，减轻结构质量；
（3）省去螺栓连接接头中的垫板；
（4）省去焊接连接接头处的机械加工等。

另外中厚板 MAS 轧制等平面形状控制方法也采用变截面技术来改善钢板矩形度，提高轧件成材率。所以纵向变截面钢板的使用符合节材、节能、省工序的要求，具有明显的经济效益。

国外钢铁企业（特别是日本）非常重视纵向变截面钢板的研制。最初的纵向变截面钢板轧制技术就是川崎制铁公司开发的 MAS 平面形状控制技术，采用这项技术使得该厂的成材率提高了约4.4%。随着造船业和桥梁业的快速发展，日本开始进行纵向变截面钢板的研制和开发，从最初的单向变截面类型发展成双向多阶梯型等各种类型，如图3-17所示，同时变厚度范围也逐渐拓宽，最大可达45mm，厚度变化率最大可达8mm/m。截止到2002年，JFE 公司已向造船厂提供58000t 纵向变断面钢板。20 世纪90 年代后期，日本对采用纵向变截面钢板的构件的强度和设计方法进行了研究和评估。

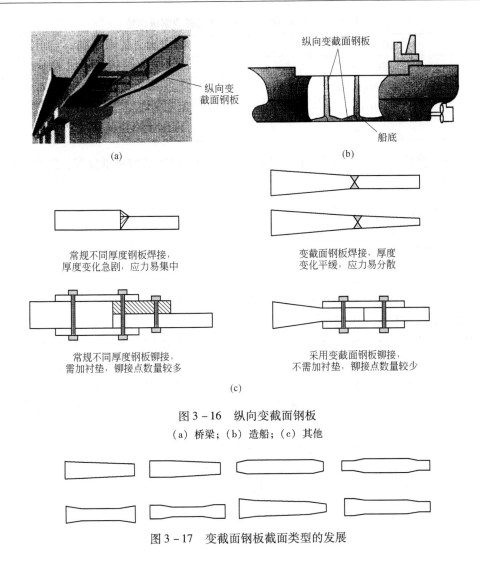

图 3-16　纵向变截面钢板
(a) 桥梁；(b) 造船；(c) 其他

图 3-17　变截面钢板截面类型的发展

　　在我国，20 世纪 90 年代初，新建和引进大量中板和中厚板轧机，并对 MAS 平面形状技术进行了大量探讨。因为 MAS 轧制的作用是改善钢板矩形度，它只在成形阶段或展宽阶段最后一个道次控制钢板头尾部分的厚度变化，一般厚度变化范围在 5mm 以内，对应的变截面长度在 1000mm 以内，变截面区域对板形和厚度的精度要求不高，所以当时没有深入开展相关轧制机理模型的研究。同时由于当时设备能力、自动控制水平受限和追求产量的需求，MAS 轧制技术也没有得到应用。

　　近年来，国内中厚板轧机的装备水平和控制水平通过不断技术改造和引进，得到很大发展，轧机的宽度、最大轧制力、电机能力、自动化控制水平与以前相比已有很大提高。相当部分厂家的轧机具备二级控制功能，一些厂家如酒钢中板、济钢厚板、宝钢宽厚板等引进项目具备了 MAS 轧制或类似的平面形状控制技术，其中宝钢从国外引进了纵向变截面钢板的轧制技术。

　　差厚钢板的轧制采用液压板厚控制技术，以及诸如"狗骨型"轧制法等技术，可生产出板厚差大且精度高的差厚钢板。日本 NKK 公司生产的差厚钢板参数如表 3-1 所示。

表 3 – 1　日本 NKK 公司生产的差厚钢板参数

板厚范围/mm	10 ~ 75
厚度差/mm	3.0 ~ 30
最大斜度/mm · m^{-1}	4.0
宽度/mm	2000 ~ 4400（TMCP 板宽 4100）
长度/mm	8000 ~ 20000

　　差厚钢板除用于建筑结构外，还用于桥梁等结构，使得结构重量分布、受力情况更加均匀和合理。

3.6　某中厚板厂工艺操作

3.6.1　压下操作

　　压下操作的内容及要求如下。

　　（1）开轧前应详细了解生产作业计划并检查 PDI 数据的准确性，根据钢种、成品规格、辊型等情况调节辊身冷却水。

　　（2）严格执行工艺要求，对普碳、低合金钢，开轧温度应不小于 1050℃，终轧温度应不小于 800℃；对于品种钢、特殊钢及专用板执行《品种板轧制技术操作规程》的规定。

　　（3）钢板开轧前几道以控制压下量为主，后几道以控制压下率和板形为主。

　　（4）在半自动或手动方式下，轧件未出轧辊时，轧辊严禁反转并严禁变更压下量。发生堵转时，应将轧件从工作辊中退出，调整压下量并且重新喂入，严禁出现含钢现象。

　　（5）在确认前后对中装置已打开到位，同时辊缝摆到位后，方可进行轧制。

　　（6）轧制时要遵循低速咬入、高速轧制、降速抛钢的原则。

　　（7）道次压下量应不大于 40mm，道次压下率应不大于 30%。

　　（8）根据板形调整轧辊冷却水分配量，或调整道次压下量，防止产生严重波浪、下扣、上翘等情况。上翘高度超过 150mm 的钢板，应适当进行平整，以保证轧后钢板顺利进入下道工序。

　　（9）冬季（11 月 ~ 2 月）换辊、投入新辊或停轧 8 小时以上，再生产时应进行 1 小时的慢速轧制以便轧辊充分预热，此时应以平时正常压下量的 60% ~ 70% 进行控制。

　　（10）压下操作人员应根据卡量结果并结合厚度和宽度公差情况、板形、热缩量（一般厚度方向热缩量按照 0.01mm/mm 进行估算）及时调整辊缝值和工作辊弯辊力，以避免大小头、厚度、宽度、同板差超限和板形不良情况。自动方式下在人机界面上相应的板形分类中予以确认。

　　（11）非手动方式下（跟踪正常），回炉、轧废、变规格应在人机界面上进行确认。

　　（12）如无特殊规定，应努力实行负偏差轧制，以提高成材率。

　　（13）钢坯横轧展宽时，横轧总压下量根据成品宽度决定。即：

$$h = 0.98H \frac{B}{b}$$

式中　h——展宽到需要宽度时的轧件厚度；

　　　　H——钢坯厚度；

b——包括板边余量的成品宽度；

B——钢坯宽度。

（14）板宽预留余量控制见表 3 - 2，当出现大小头现象时，宽度余量以大小头宽度之和的一半为参考控制。

表 3 - 2　板宽预留余量

项 目	钢板厚度/mm	预留余量范围/mm	余量控制目标值/mm
切边板	6 ~ 14	90 ~ 110	100
	>14	100 ~ 130	115
毛边板 火切板	60 ~ 70		

（15）轧制过程中要根据板形、辊缝变化、轧制力、电流和尺寸变化情况，随时进行纠偏、倾斜微调。

（16）钢坯不应有明显水印和阴阳面，同板差超过 0.40mm 或在轧制过程中出现较为严重的上翘、下扣现象时，应通知调度室要求待温，并重新进行调零。

（17）轧件表面有杂物或氧化铁皮时严禁轧制。

3.6.2　辊道与对中操作

辊道与对中操作的内容及要求如下：

（1）轧件进入轧机前后工作辊道后，应首先对中夹正，待前后对中打开、压下调整到位、轧辊转动后方可送入轧辊。

（2）对中夹正后应尽快打开至安全开口度，避免轧件顶撞对中装置或出现刮框现象。

（3）接送轧件时严禁辊道逆转，以免轧件表面产生纵向划伤。

（4）控温轧制时，应使轧件在控温辊道上前后摆动，严禁长时间停放。

（5）生产中若发生对中偏移，造成钢板产生波浪、刮框、镰刀弯等情况时要停轧进行处理。

3.6.3　卡量操作

卡量操作的内容及要求如下：

（1）正确使用和维护卡量工具，每班校对卡量工具，确保工具的精度。

（2）厚度一般为单边卡量，板形不良时要双边卡量，温度不均时要卡量黑印与头尾处的尺寸。

（3）改变钢种、炉号、规格时应卡量钢板的厚度和宽度；正常轧制同一规格时，要定时卡量钢板的厚度和宽度（当温度波动较大时，应增加卡量频率）；在轧辊使用后期应了解板凸度。

（4）卡量人员应及时将卡量信息（及时询问后部工序以掌握同一钢种、炉号、规格，开轧后前 3 ~ 5 张钢板冷态时的实际厚度及纵、横向同板差）通知压下操作人员。

3.6.4　高压水除鳞操作

高压水除鳞操作的内容及要求如下：

（1）操作人员必须注意工作水位信号的变化，按照规定使用高压水。高压水的可用水量在第二水位以上，每次除鳞之前水位应在第三水位以上。

（2）高压水应开闭及时，避免出现浇黑头、尾或漏冲的现象。

（3）除鳞箱进行一次除鳞不净，应手动返回再次除鳞。

（4）生产中若出现连续三块钢坯表面氧化铁皮除不净时，应通知调度室要求停机检查系统水压或喷嘴。

（5）当纵轧及控温后第一道次使用轧机高压水除鳞一次，展宽第二道次及终轧前一道次可视具体情况增加一道除鳞，中间待温时可适当使用高压水除鳞、降温。严禁连续多道次进行除鳞操作。

3.6.5　人机界面操作

人机界面操作的内容及要求如下：

（1）在送钢或控温过程中，必须保证两块钢板的头尾间距不小于3m。

（2）坯料运送到机前时，必须使机前测温仪检测到坯料再停止。

（3）钢板待温时，必须将轧件停留在待温区，严禁将轧件长时间停留在工作辊道和待温辊道之间。

（4）在一待一轧的情况下，机前待温轧件必须放在待温1、2区之内，机后待温轧件必须放在待温3、4区之内。在两待一轧的情况下，机前待温轧件必须分别放在待温1区和2区之内，机后待温轧件必须分别放在待温3区和4区之内，严禁超出相应待温辊道区域。

（5）当前一块轧制结束的钢板尾部通过待温3区前的热检后，下块轧件才能开轧。

（6）对于双坯轧制或三坯轧制，轧制过程中严禁在主轧机操作画面上连续设定多块钢的轧制规程。

（7）严禁在同一道次重复轧制两次。

（8）严格按照控温温度、控温厚度等工艺制度进行操作。严禁出现在同一钢种、同一规格的双坯轧制时，两块轧件的控温道次厚度不同的现象。

（9）在调用计算机规程进行轧钢时，各班应派专人进行如下操作：

1）卡量每炉钢的头3块厚度后，应输入卡量厚度与计算厚度的差值（差值＝卡量厚度－计算厚度）；

2）成品厚度变更后，应输入厚度允许公差值，如不输入，系统默认为0；

3）成品宽度变更后，应输入宽度修正量，如不输入，系统默认为150mm。

（10）在通过画面输入辊缝规程时，同时输入道次状态的设定，方便轧机的控制。

1）某道次前转钢，该道次状态设为转钢状态；

2）某道次后待温，该道次状态设为待温状态；

3）某道次后轧制结束，该道次状态设为末道次状态；

4）如果某道次有几种状态，需同时设置。

（11）更换炉号后，轧机操作工必须核对人机界面中的PDI数据是否与任务单或钢卡上的相符。若人机界面上的PDI不对，应根据实际的PDI调用操作员规程进行操作。

（12）辅画面的跟踪修正操作：当轧线的界面跟踪显示跟轧线的实际情况不同时，操作人员必须通过辅画面进行修正。选择需要修正的轧件，通过"→"和"←"进行位置的前后移动修正；通过 轧废确认 和 回炉确认 按钮，将轧废或回炉的轧件从跟踪序列中删除。

（13）每次换完轧辊后，必须根据辊单在操作界面中输入轧辊的相关参数。

（14）PDI 录入操作方法：

1）PDI 保存。根据来料情况，将钢坯的有关数据输入到画面上相应的位置上，认真检查无误后，按 PDI 保存 按钮将数据保存到计算机。炉号，块数，坯料厚、宽、长，成品厚、宽，钢种，不可为零或为空。每输入一个数据后必须按 Enter 键，否则无效。

2）PDI 查找。按 PDI 查找 按钮，则从数据库中依次调出与炉号相对应的 PDI 数据。

3）PDI 修改。

①按 PDI 查找 按钮，找到要修改的炉号及其 PDI 数据。

②修改数据。

③按 PDI 修改 按钮，出现一个对话框"数据修改完毕"，按上面的 确认 按钮关闭对话框。

不同情况下，PDI 修改的方法不同，具体有以下几种情况：

（A）PDI 数据没有进行确认之前，按照步骤 3)中①~③，可以对所有数据进行修改，修改后再进行确认。

（B）数据确认之后，入炉之前按照步骤 3)中①~③，可以对所有数据进行修改，修改后要重新进行确认。

（C）数据确认已完成，入炉之后，该炉号的坯料都没有出炉：

A）如果要求修改炉号和块数之外的数据，按以下步骤进行：

a）在 PDI 录入画面，按 3)中的①~③步骤修改数据。

b）在 PDI 确认画面，重新进行确认。

B）如果要求修改炉号，或修改块数，或二者都要求修改，按以下步骤进行：

a）在入炉确认画面，从"炉"中删掉该炉号及其后面已入炉炉号的所有钢坯。

b）在 PDI 录入画面，按 3)中的①~③步骤修改块数和炉号。

c）在 PDI 确认画面，重新进行确认。

d）在入炉确认画面，将该炉号及其后面炉号的钢坯入炉。

（D）某炉号的坯料至少有一块已出炉：炉号和块数不能修改，其他数据可以修改，修改方法按以下步骤进行：

①在 PDI 录入画面，按 3)中的①~③步骤修改数据。

②在 PDI 确认画面，重新进行确认。

4）PDI 插入。

①输入要插入的新炉号及其 PDI 数据。

②按 PDI 插入 按钮；出现对话框，输入要插入的位置序号，按 确认 按钮，出现一个对话框"数据插入完毕"，按上面的 确认 按钮关闭对话框。

③在入炉确认画面的入炉等待队列中，原位置序号上将是新炉号，原来的炉号在新炉号后面。

注意：如果原位置序号上的炉号已入炉，则按以下方法进行：

①在入炉确认画面，从"炉"中删掉原位置序号上的炉号及其后面已入炉炉号的所有钢坯。

②在 PDI 录入画面，按①~③步骤插入新的炉号及其 PDI 数据。

③在 PDI 确认画面，对新炉号进行确认。

④在入炉确认画面，将新炉号及其后面的炉号钢坯入炉。

5）PDI 删除。

①按 PDI 查找 按钮，找到要删除的炉号及其 PDI 数据。

②按 PDI 删除 按钮，出现对话框，如果确实要删除，按 确认 按钮，否则，按 取消 按钮。

注意：如果要删除已入炉的炉号，应先在入炉确认画面，从"炉"中删掉该炉号后的所有钢坯，然后按5）中的①~②步骤删除 PDI 数据。

3.7 某中厚板粗轧机仿真实训系统操作

3.7.1 选择批次

如图 3 – 18 所示为批次选择界面，选择批次号中的某批次，在钢块信息一栏显示该批次轧制块数、原料和成品的规格、上下表面温度、钢种等信息，点击 确定 ，选择该批次进行轧制。

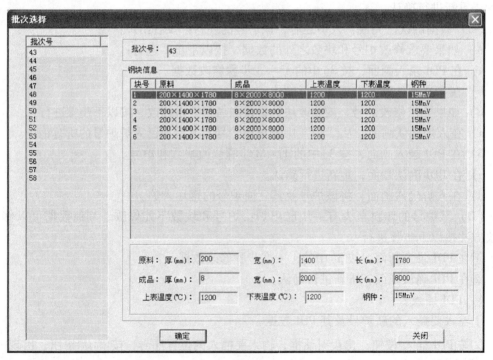

图 3 – 18 批次选择界面

3.7.2 粗轧监控主界面

粗轧监控主界面，即为软件主界面，如图 3 – 19 所示。粗轧监控主要实现轧钢的实时数据显示和规程的微调。

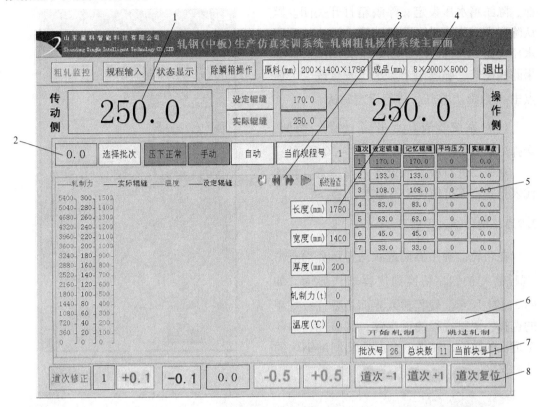

图 3-19 粗轧监控主界面

1—辊缝值显示；2—轧辊转速显示；3—历史曲线回放按钮；4—当前道次轧件长宽厚、轧制力、温度；
5—规程信息显示；6—实时轧制信息提示；7—轧制批次情况显示；8—设定辊缝微调

（1）选择批次。当所选择的批次没有轧制完成时，点击 选择批次 按钮，只可以进行批次浏览，当前批次没有轧制完成，不允许选择新的批次。当前的批次轧制完成后，点击 选择批次 按钮，可以重新进行批次选择。

（2）辊缝的变化方式。可以通过点击 手动 、自动 按钮来切换摆辊缝的方式。进入程序后默认为手动调整辊缝，手动 按钮呈绿色。

手动：使用压下手柄手动调节使实际辊缝值调整到设定辊缝值。

自动：根据当前设定辊缝值，计算机自动调整实际辊缝到设定辊缝值。

（3）微调设定辊缝。可以对规程的各个道次的设定辊缝进行微调。

要修正的道次号在 道次修正 后面文本框中显示，默认为第一道次；如果要修正其他道次，点击 道次修正 后面的文本框，可弹出数据输入对话框，进行修正道次号输入。或者通过按钮 道次 -1 、道次 +1 、道次复位 来改变要修正的道次号。

要修正的值在 -0.1 和 -0.5 按钮之间的文本框显示，默认为 0.0。可以通过点击按钮 +0.1 、-0.1 、-0.5 、+0.5 来修改设定辊缝的改变量。

（4）除鳞箱操作。除鳞箱操作包括选择除鳞箱的模式是手动还是自动、喷嘴组号选择、除鳞箱水压设定、除鳞箱打开关闭。默认除鳞方式为自动，两组喷嘴全选中，喷嘴水压均为21MPa，除鳞箱处于关闭状态。如果除鳞模式、喷嘴组号、水压发生改变，需点击 参数确认 按钮，进行设定确认。

（5）系统检查。点击 系统检查 按钮，会弹出系统检查对话框，如图3-20所示。

对需要进行检查的设备进行检查，打钩代表检查，不打钩代表不检查。

3.7.3　规程输入界面

在粗轧监控主界面或状态显示界面点击 规程输入 按钮，切换到规程输入界面，如图3-21所示。规程输入界面主要完成规程的选择、调整规程的道次数、调整规程的各个道次的数值，使得适合所要轧制的钢块的轧制要求。

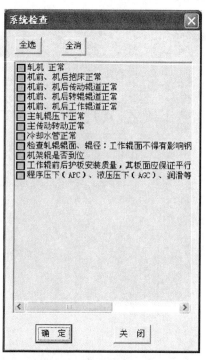

图3-20　系统检查对话框

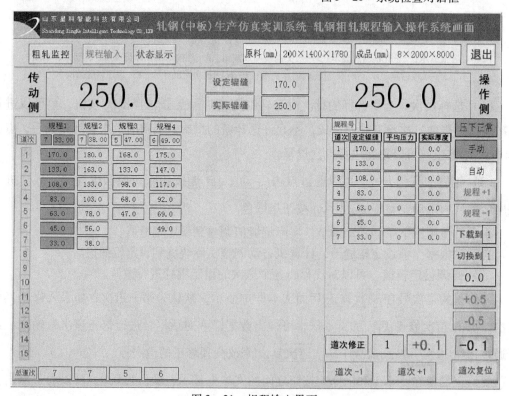

图3-21　规程输入界面

3.7.4　状态显示界面

在粗轧监控主界面或规程输入界面点击 状态显示 按钮，切换到状态显示界面，如图 3-22 所示。状态显示界面主要显示辊缝信息、辊道转动信息、批次信息等。

图 3-22　状态显示界面

（1）辊翘控制。辊翘控制用来调整上下辊转速。中间数值为上辊和下辊转速差，差值单位为 r/min。当数值为 0.4，即 + 0.4 - 时，上辊比下辊每分钟多转 0.4 转；当数值为 -0.4，即 + -0.4 - 时，上辊比下辊每分钟慢 0.4 转。

（2）钢坯角度。显示钢块的角度，钢块没有转动的时候显示 0°。角度显示范围在 -360°~360°之间。转钢之后需要抱钢，抱钢后角度为 90°或者 0°，这个角度是相对于钢块的起始的位置的角度。抱钢后角度为 90°代表钢块相对于初始位置横纵发生了变化，抱钢后角度为 0°代表钢块相对于初始位置横纵没有发生变化。

3.7.5　操作流程说明

软件开启顺序：打开服务器计算机，启动"中板加密狗"程序；先打开虚拟界面，再打开控制界面。

登录系统需输入用户名、密码，身份验证通过后，进入批次选择对话框，选择轧钢的批次。在批次选择对话框中可以显示所要轧制钢的批次号、原料规格和成品规格、轧制块数。根据原料和成品规格，选择合适的规程，可以对规程进行微调，调整好后可以进行轧制。在轧制之前需要根据来料钢坯的情况进行处理，如果为异常钢坯，例如钢坯上下表面温差超过一定温度，可以通过点击 跳过轧制 按钮，不进行本钢坯的轧制。轧制之前先进行系统检查，点击按钮 系统检查，在弹出的对话框中对需要进行检查的设备进行检查，打钩代表检查，不打钩代表不检查，然后点击确定。轧制每块钢坯之前，需要先点击 开始轧制 按钮，虚拟界面出现钢坯，钢坯先经除鳞箱除鳞。除鳞之后，根据需要可以在机前转滚处进行转钢，将钢块横纵转过来，使用抱床抱正。然后摆好辊缝再转动轧辊，送钢进行轧制。摆辊缝可以点击界面的 手动 按钮，然后使用主轧辊压下手柄将实际辊缝摆到设定辊缝的位置，也可以通过点击界面的 自动 按钮，这样实际辊缝会自动摆到设定辊缝的位置。进行轧制之前需要确保钢坯温度在开轧温度范围之内，温度限制参考表3 - 3 ~表3 - 10，温度不在限制范围之内会有相应的提示。送钢时遵循低速咬入、高速轧制的原则，咬钢速度需要在 20 ~ 40r/min 之间。轧制完一个道次后，如果处于手动轧钢模式，则需要手动控制摆辊缝（手柄模式下使用主轧辊压下手柄，键盘模式下使用相应的按键）将实际辊缝摆到设定辊缝位置；如果为 自动 按钮被选中，表明当前处于自动轧钢状态，轧制完一个道次实际辊缝会根据设定辊缝自动摆到设定辊缝位置，然后根据需要可以将钢坯使用抱床抱正，当实际辊缝和设定辊缝相差在很小的范围之内时，操作相应的辊道和主轧辊继续下一道次的轧制。轧完第二个道次，根据需要可以将钢块转过来，用抱床抱正，继续下一道次的轧制。一个道次一个道次的来回进行轧制，直到轧制完成。

3.8　某中厚板精轧机仿真实训系统操作

3.8.1　操作监控界面功能介绍

精轧操作系统主画面如图 3 -23 所示，下面介绍操作监控界面各部分的功能。

（1） 工作 按钮。用于在工作状态和停止状态之间切换。按钮为绿色表示工作状态，按钮为灰色表示停止状态。进入工作状态时液压开始给油，油柱增长至 10mm；进入停止状态时停止给油，油柱消失。

（2） 急停 按钮。用于出现故障时将系统紧急停止。按钮为绿色表示急停状态，为灰色表示退出急停状态，此时按 系统恢复 按钮可以将系统复位。

（3） 压靠 按钮。在"电动辊缝"最小时，用液压将"轧制力"提升到 1000t。和清零按钮配合完成系统辊缝调零。

（4） 清零 按钮。将"电动辊缝"值和"实际辊缝"值都清为零。在压靠之后清零，以完成系统辊缝调零。

（5） APC 按钮。在 APC 状态和非 APC 状态之间切换。APC（自动位置控制）通过调整"电动辊缝"实现辊缝的自动调整，只有在自动状态下，才能选择 APC 或 AGC 进行自动轧钢。

（6） AGC 按钮。在 AGC 状态和非 AGC 状态之间切换。AGC（自动厚度控制）在"电动辊缝"不变的情况下，通过调整油柱的高度，完成辊缝的自动调整，以实现厚度

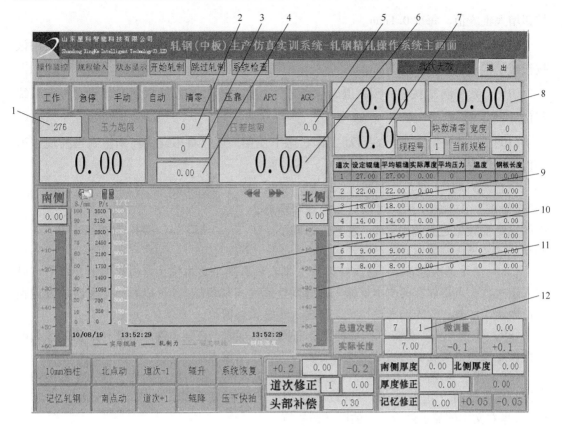

图 3 - 23　精轧操作系统主画面

1—平衡弯辊力；2—平均轧制力；3—南北侧压力差；4—南北侧辊缝差；5—液压站压力；
6—实际辊缝值；7—轧辊转速；8—南北侧电动辊缝值；9—南北侧油柱高度；10—实时曲线；
11—油柱高度柱状图；12—总道次数和当前道次数

控制。

(7) 10mm 油柱 按钮。在非 APC 状态下使用，可以将油柱高度复位成 10mm。辊缝值和液压站压力不变。

(8) 记忆轧钢 按钮。在自动工作状态下（APC 或者 AGC），可以使用当前规程进行记忆轧钢，即以当前规程的"平均辊缝"值为"设定辊缝"值进行轧钢。按钮为绿色表示记忆轧钢状态，灰色表示非记忆轧钢状态。

(9) 北点动 按钮。用于板形调整。点击该按钮可以使北侧（传动侧）辊缝上升0.025mm，南侧（操作侧）辊缝下降 0.025mm。

(10) 南点动 按钮。用于板形调整。点击该按钮可以使南侧（操作侧）辊缝上升0.025mm，北侧（传动侧）辊缝下降 0.025mm。

(11) 道次 -1 按钮。自动轧钢时，将辊缝值调整为上一个道次的设定辊缝值。

(12) 道次 +1 按钮。自动轧钢时，将辊缝值调整为下一个道次的设定辊缝值。

(13) 辊升 按钮。对辊缝进行微调。轧钢过程中，在辊缝摆好之后，还可以使用该按钮增大辊缝值,每次 0.1mm。

(14) 辊降 按钮。对辊缝进行微调。轧钢过程中,在辊缝摆好之后,还可以使用该按钮减小辊缝值,每次 0.1mm。

(15) 系统恢复 按钮。用在退出"急停"状态之后,使系统重新初始化,进行系统复位。

(16) 压下快抬 按钮。在自动工作状态下使用,可以将辊缝快速调整到当前规程第一道次的设定辊缝值高度。

(17) 整体道次修正。如图 3 - 24 所示,位于"道次修正"文本的上面。可以对当前规程所有道次的设定辊缝值进行以 0.2mm 为单位的调整。中间显示的是累计调整值。

图 3 - 24   整体道次修正按钮

(18) 单个道次修正。"道次修正"文本右侧有两个文本框,点击靠左的文本框可以输入道次数,点击靠右的文本框输入辊缝调整值(正加负减),可以对指定道次的设定辊缝值微调。注意:要先输入道次数,再输入辊缝调整值。

(19) 头部补偿。点击"头部补偿"右侧的文本框,在其中输入头部补偿值,该头部补偿设定值对以后轧制的所有钢块都有效,直到重新输入。

(20) 厚度修正。"厚度修正"右侧有两个文本框,点击靠左的文本框,在其中输入厚度补偿调整值(正加负减),可以修改当前"规程显示栏"中当前道次的"实际厚度"。靠右文本框显示最后一次的厚度调整值。

(21) 记忆修正。只能在记忆轧钢状态下使用,可以对记忆轧钢时的设定辊缝值进行以 0.05mm 为单位的调整,累计调整值显示在左边的文本框中。

(22) 微调量。如图 3 - 25 所示,可以对当前规程所有道次的设定辊缝值进行以 0.1mm 为单位的调整,累计调整值显示在右上方的文本框中。

图 3 - 25   微调量

(23) "压力越限"报警。当有一侧压力值超过 3300t 时,该标签背景颜色变为红色,警告压力已经越限。

(24) "压差越限"报警。当"压力差"超过 600t 时,该标签背景颜色变为红色,警告压力差已经越限。

(25) "累计块数"显示及 块数清零 按钮。块数清零 按钮左边的文本框显示的是累计轧制的钢块数目,点击 块数清零 按钮可以将其清零。

3.8.2　规程输入界面功能介绍

精轧操作系统规程输入界面如图 3 - 26 所示,功能与粗轧类似。

3.8.3　状态显示界面功能介绍

精轧操作系统状态显示界面如图 3 - 27 所示,状态显示界面用来显示当前的系统状

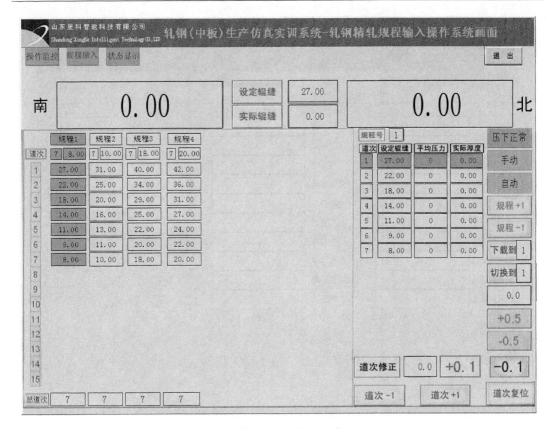

图 3 - 26 精轧操作系统规程输入界面

态，包括：当前登录学号、控制模式、原料成品规格、钢坯当前规格、上下表面当前温度和初始温度、上下轧辊转速及转速比、前后工作辊转速、两侧辊缝值、两侧压力、当前规程和道次。该界面还可以通过辊翘控制调整上下轧辊的转速。

3.8.4 操作说明

3.8.4.1 启动程序

用学号登录系统，在"实训练习项目"→"轧钢项目"菜单中选择"精轧控制"选项。点击该选项启动程序，如果这时精轧虚拟界面已经启动，选择完批次之后可以进入系统进行轧钢。如果虚拟界面没有启动，点击批次选择框中"确定"按钮也能进入系统，但显示批次无效，不能轧钢。此时，再启动虚拟界面，点击"虚拟界面连接"按钮也能完成连接，选择批次后就可以轧钢。

3.8.4.2 系统初始化

进入系统之后需要进行一系列的准备工作才能进行轧钢。如果没有连接虚拟界面，点击"虚拟界面连接"按钮连接虚拟界面。如果没有选择批次，点击"批次选择"按钮选择批次。点击"手动"按钮，确保系统进入手动状态。

用手柄将辊缝抬起到大于 20mm，再点击"工作"按钮，此时系统开始给油，出现

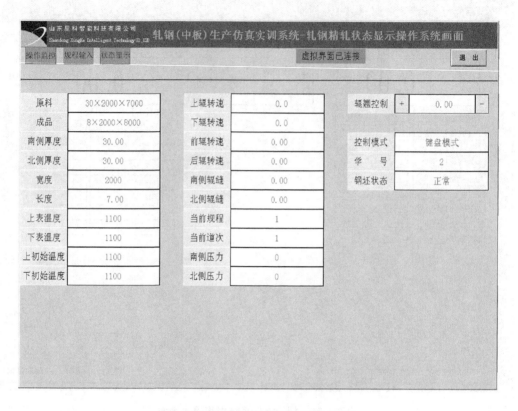

图 3 - 27 　精轧操作系统状态显示界面

10mm 油柱。如果开始轧制时辊缝大于 20mm，无需抬起辊缝，直接点击"工作"按钮即可。如果有必要的话，可以进行压靠清零操作。

此时就可以选择轧钢模式："手动"轧钢或者"自动"轧钢。手动轧钢模式时，辊缝需要使用主轧辊压下手柄进行摆辊缝。手动按钮绿色显示，使用主轧辊压下手柄将实际辊缝摆到设定辊缝，然后可以点击开始轧制按钮，虚拟界面出现钢坯。

自动轧钢模式时，自动按钮呈绿色，实际辊缝会根据当前设定辊缝自动调整到位。首先选择"自动"，然后点击按钮"APC"进行摆辊缝，等辊缝接近设定值时可以点击按钮"AGC"控制辊缝，点击"AGC"之前，需要确保当前处于自动状态下。然后可以点击"开始轧制"按钮，虚拟界面出现钢坯。

3.8.4.3　压靠清零操作

当界面辊缝值和实际的辊缝值出现偏差时，可以利用压靠清零操作进行校准。具体步骤如下：

（1）确认进入"工作"、"手动"状态。

（2）用手柄将轧辊压下，直到辊缝为最小，压力为 400t 左右。

（3）点击压靠按钮，此时油柱上升，液压作用下压力达到 1000t 左右。

（4）点击清零按钮，将电动辊缝、实际辊缝都清为零。

3.8.4.4　操作流程说明

首先打开虚拟界面，然后登录控制界面系统。输入用户名、密码，身份验证通过后，进入控制界面。在选择批次对话框中可以弄清所要轧制钢的批次号、原料规格和成品规格、轧制块数。根据原料和成品规格，选择合适的规程，可以对规程进行微调，调整好后可以进行轧制。如果为异常钢坯，例如钢坯上下表面温差超过一定温度，可以通过点击 跳过轧制 按钮，不进行本钢坯的轧制。轧制之前先进行系统检查，点击按钮 系统检查 ，在弹出的对话框中对需要进行检查的设备进行检查，打钩代表检查，不打钩代表不检查，然后点击确定。轧制每块钢坯之前，需要先点击 开始轧制 按钮，虚拟界面出现钢坯，手柄模式下使用手柄，键盘模式下使用键盘按键将钢坯从机前延伸辊道运到轧机前的辊道上，然后操作抱床将钢坯抱正。精轧根据需要可以通过轧机上的高压水对钢坯进行除鳞。然后摆好辊缝再转动轧辊，送钢进行轧制。摆辊缝可以点击界面的 手动 按钮，然后使用主轧辊压下手柄将实际辊缝摆到设定辊缝的位置（键盘模式下直接使用键盘按键完成），也可以通过点击界面的 自动 按钮，这样实际辊缝会自动摆到设定辊缝的位置。进行轧制之前需要确保钢坯温度在开轧温度范围之内，温度不在限制范围之内会有相应的提示。送钢时遵循低速咬入、高速轧制的原则，咬钢速度需要在 40 ~ 60r/min 之间。轧制完一个道次后，如果是当前 手动 按钮被选中，即处于手动轧钢模式，则需要手动控制摆辊缝，将实际辊缝摆到设定辊缝位置；如果为 自动 按钮被选中，并且当前选中了 APC 按钮或者 AGC 按钮，表明当前处于自动轧钢状态，轧制完一个道次，实际辊缝会根据设定辊缝自动摆到设定辊缝位置，然后根据需要可以将钢坯使用抱床抱正，当实际辊缝和设定辊缝相差在很小的范围之内时，操作相应的辊道和主轧辊继续下一道次的轧制。一个道次一个道次的来回进行轧制，直到轧制完成。

3.9　中板轧钢轧制工艺参数

中板轧钢轧制工艺参数见表 3 - 3 ~ 表 3 - 10。

表 3 - 3　6mm CCSB 轧制工艺参数表

钢种：CCSB；原料规格：160 × 1250 × 1600；轧制规格：6 × 2000 × 8000；共 24m

轧制道次	1	2	3	4	5	6	7	8	9
粗轧规程（辊缝）	136	114	95	72	54	40	32	26	23
轧制方式	横	横	横	纵	纵	纵	纵	纵	纵
精轧规程（辊缝）	20	15	12	10	8	7	6		
轧制方式	纵	纵	纵	纵	纵	纵	纵		

粗轧开轧温度 1150 ± 30℃，粗轧终轧温度 1020 ± 30℃。精轧开轧温度 990 ± 20℃，精轧终轧温度 830 ± 20℃

表 3 - 4　8mmGL - A36 轧制工艺参数表

钢种：GL - A36；原料规格：160 × 1250 × 2100；轧制规格：8 × 1800 × 8700；共 26.1m

轧制道次	1	2	3	4	5	6	7	8	9
粗轧规程（辊缝）	132	106	80	63	48	35	29		
轧制方式	横	横	纵	纵	纵	纵	纵		
精轧规程（辊缝）	26	20	15.5	12	10	9	8		
轧制方式	纵	纵	纵	纵	纵	纵	纵		

粗轧开轧温度 1130 ± 30℃，粗轧终轧 1040 ± 30℃。精轧开轧温度 980 ± 20℃，精轧终轧 840 ± 20℃

表 3 - 5　10mmQ345B 轧制工艺参数表

钢种：Q345B；原料规格：200 × 1400 × 1800；轧制规格：10 × 2100 × 5500；共 22m

轧制道次	1	2	3	4	5	6	7	8	9
粗轧规程（辊缝）	174	152	128	100	78	58	44	36	31
轧制方式	横	横	横	纵	纵	纵	纵	纵	纵
精轧规程（辊缝）	28	23	19	16	13	11	10		
轧制方式	纵	纵	纵	纵	纵	纵	纵		

粗轧开轧温度 1140 ± 30℃，粗轧终轧温度 1040 ± 30℃。精轧开轧温度 990 ± 20℃，精轧终轧温度 840 ± 20℃

表 3 - 6　12mmBVB 轧制工艺参数表

钢种：BVB；原料规格：200 × 1400 × 2150；轧制规格：12 × 1500 × 10000；共 30m

轧制道次	1	2	3	4	5	6	7	8	9
粗轧规程（辊缝）	175	148	118	90	68	50	38		
轧制方式	横	纵	纵	纵	纵	纵	纵		
精轧规程（辊缝）	33	27	22	18	15	13	12		
轧制方式	纵	纵	纵	纵	纵	纵	纵		

粗轧开轧温度 1100 ± 30℃，粗轧终轧温度 990 ± 30℃。精轧开轧温度 930 ± 20℃，精轧终轧温度 840 ± 20℃

表 3 - 7　12mmQ345C 轧制工艺参数表

钢种：Q345C；原料规格：200 × 1400 × 2270；轧制规格：12 × 1760 × 9200；共 27.6m

轧制道次	1	2	3	4	5	6	7	8	9
粗轧规程（辊缝）	172	151	122	94	70	50	37		
轧制方式	横	横	纵	纵	纵	纵	纵		
精轧规程（辊缝）	32	26	22	18	15	13	12		
轧制方式	纵	纵	纵	纵	纵	纵	纵		

粗轧开轧温度 1120 ± 30℃，粗轧终轧温度 1000 ± 30℃。精轧开轧温度 940 ± 20℃，精轧终轧温度 850 ± 20℃

表 3-8 14mmBVB 轧制工艺参数表

钢种：BVB；原料规格：200×1400×2300；轧制规格：14×2000×8000；共 20m

轧制道次	1	2	3	4	5	6	7	8	9
粗轧规程（辊缝）	176	155	134	105	82	63	45		
轧制方式	横	横	横	纵	纵	纵	纵		
精轧规程（辊缝）	37	30	25	21	18	16	14		
轧制方式	纵	纵	纵	纵	纵	纵	纵		

粗轧开轧温度 1100±30℃，粗轧终轧温度 990±30℃。精轧开轧温度 930±20℃，精轧终轧温度 840±20℃

表 3-9 16mmQ460C 轧制工艺参数表

钢种：Q460C；原料规格：200×1400×1620；轧制规格：16×2200×12000；共 12m

轧制道次	1	2	3	4	5	6	7	8	9
粗轧规程（辊缝）	172	144	122	90	75	56	40		
轧制方式	横	横	横	纵	纵	纵	纵		
精轧规程（辊缝）	37	32	28	25	20	17	16		
轧制方式	纵	纵	纵	纵	纵	纵	纵		

粗轧开轧温度 1130±30℃，粗轧终轧温度 1010±30℃。精轧开轧温度 950±20℃，精轧终轧温度 860±20℃

表 3-10 20mmQ235B 轧制工艺参数表

钢种：Q235B；原料规格：200×1400×2200；轧制规格：20×2200×6000；共 12m

轧制道次	1	2	3	4	5	6	7	8	9
粗轧规程（辊缝）	178	147	122	91	65	53	45		
轧制方式	横	横	横	纵	纵	纵	纵		
精轧规程（辊缝）	38	32	27	25	23	21	20		
轧制方式	纵	纵	纵	纵	纵	纵	纵		

粗轧开轧温度 1100±30℃，粗轧终轧温度 1000±30℃。精轧开轧温度 930±20℃，精轧终轧温度 850±20℃

注意：（1）钢坯的降温和钢坯的表面积有关，轧薄规格降温要比轧厚规格的降温快，注意把握轧制节奏。（2）粗轧转钢控制宽度的道次辊缝（也就是最后一道横轧道次辊缝）需要严格按照规程中规定的辊缝值进行摆辊缝，否则会出现宽度超差，判为废品。

复习思考题

3-1 除鳞的作用有哪些？

3-2 高压水除鳞运用了哪些机理？

3-3　中厚板轧制的策略有哪几种?

3-4　中厚板粗轧和精轧的主要任务是什么?

3-5　轧制过程的 3 个阶段指哪 3 个阶段?

3-6　成形轧制有什么作用?

3-7　中厚板轧制结束后钢板平面形状通常怎样?

3-8　平面形状控制通常有哪些方法?

3-9　水岛平面形状控制系统是怎样的? 画图表示。

3-10　异形钢板和差厚 (变截面) 钢板是怎样轧制的?

4 厚 度 控 制

4.1 概述

因钢板轧制中定尺长度的增大、纵向厚差的减小、板厚尺寸进级范围的缩小、异形板轧制及平面形状控制的需要等，生产中对厚度的自动控制越来越重视，已成为现代化中厚板轧机所必不可缺的重要手段。

随着中厚板轧机轧制速度的提高，轧制过程中坯料的厚度偏差、轧件头尾温差与黑印、原料的变形抗力不同、轧机刚度的变化、轧辊磨损、压扁、偏心、压下装置调整与检测的偏差等诸多因素的影响，钢板纵向板厚与偏差是不断变化的。20世纪50年代开发的电动厚度自动控制系统（电动AGC）已满足不了负载情况下快速调整厚差的要求，1964年美国伯恩斯钢厂4064mm厚板轧机首先开始使用液压厚度自动控制（HAGC），经过多年的不断改进与完善，目前，国内外中厚板轧机上已普遍采用该项技术。

在中厚板轧制生产过程中，一般采用的自动控制系统有：压下位置自动控制系统、电动厚度自动控制系统（电动AGC）、液压厚度自动控制系统（液压AGC）、监控AGC、前馈AGC、近置式测厚仪的厚度自动控制系统等。

4.2 中厚板厚度自动控制系统的结构

中厚板厚度自动控制系统结构如图4-1所示。

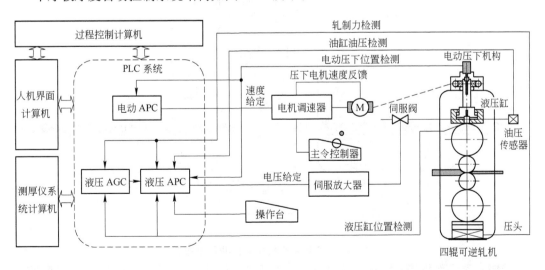

图4-1 中厚板厚度自动控制系统结构

一级基础自动化系统主要包括测厚仪系统计算机、人机界面计算机和高性能PLC，测厚仪使用单独的一套计算机系统，用来和 PLC 进行数据交换；人机界面的主要功能是进行生产过程的监控；PLC 主要用来完成液压 AGC、液压 APC 和电动 APC 等功能。

二级过程自动化系统选用过程控制计算机，主要功能是进行轧制过程跟踪、轧制规程表计算以及 AGC 数学模型计算。

人机界面系统采用服务器－客户端构架。可以选用两台服务器计算机（一台服务器，一台冗余服务器）作为服务器系统，选几台工业控制计算机作为主操作室和工程师站的客户端。

人机界面系统主要实现如下功能：

（1）显示轧制规程表以及生产过程中的各种工艺参数和信息。

（2）对于生产过程中的故障提供报警信息。

（3）接收操作人员输入的生产数据。

（4）接收操作人员发出的干预生产的命令。

（5）轧件加工历程的准确跟踪和数据库管理。

4.3　中厚板轧机检测仪表

为实现高精度的中厚板轧机液压 AGC 控制，需要在轧机上及轧机两侧配置必要的检测仪表，如图 4－2 所示。图中采用了上置式液压 AGC，即液压压下缸置于上支撑辊轴承座之上。目前宽厚板多采用下置式液压推上缸，即液压推上缸置于下支撑辊轴承座之下。

从图 4－2 可知，中厚板厚度控制系统安装的检测仪表主要有：

（1）在轧机入口和出口侧各安装有红外测温仪，它们主要用于测量钢板的温度，用于轧制规程计算和液压 AGC 控制量的计算。

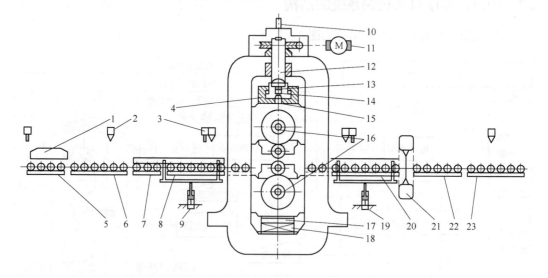

图 4－2　中厚板轧机主要检测仪表布置

1—除鳞箱；2—红外测温仪；3—HMD；4—伺服油缸；5—除鳞辊道；6—机前输入（待温）辊道；7—转钢辊道；
8—机前工作辊道；9—机前对中位移传感器；10—压下辊缝仪；11—压下电机；12—压下丝杠；13—油压传感器；
14—电液伺服阀；15—伺服油缸磁尺；16—偏心测量仪；17—阶梯板；18—压头；19—机后对中位移传感器；
20—机后工作辊道；21—X 射线测厚仪；22—机后输入辊道；23—机后待温辊道

（2）在轧机入口和出口侧各安装有热金属检测仪，它们主要用于轧制过程中钢板位置的跟踪检测。

（3）在轧机传动侧和操作侧压下螺丝的顶端各安装一台测量精度为 $1\mu m$ 的磁致伸缩数字式绝对位移传感器的压下辊缝仪。

电动压下辊缝仪与压下电动机端部安装旋转编码器间接测量辊缝的方法相比，可以直接测量压下螺丝的静态和动态位移，有很高的精度。测量值可参与辊缝计算，并可兼顾电动压下螺丝的限位保护。

（4）在传动侧和操作侧 AGC 液压管路上各安装一台油压传感器，它用于测量液压缸无杆腔的压力，用于对液压 APC 闭环控制放大倍数的非线性补偿和轧制力的间接测量（将液压缸的背压平衡作用考虑在内，根据液压缸有杆腔和无杆腔的直径等数据，可以计算出轧制压力）。

（5）在传动侧和操作侧 AGC 液压缸中心各安装一台测量精度为 $1\mu m$ 的磁致伸缩数字式绝对位移传感器。该液压缸位移传感器用于测量液压缸的静态、动态位移，参与辊缝计算并兼顾液压缸限位保护。

（6）X 射线测厚仪主要用于钢板厚度测量，用于液压 AGC 模型的自学习和厚度控制修正。

（7）下支撑辊轴承座与压头之间装有阶梯板，用于调整轧制线高度。

（8）在传动侧和操作侧下辊系下面，各安装一个轧制力测量传感器（为矩形压头），用于对轧制压力的测量。由于它是直接测量，精度高于使用油压传感器信号计算得出的轧制压力，从而提高了液压 AGC 模型精度。

（9）在上下支撑辊的操作侧各安装一台偏心测量仪，用于上下支撑辊的偏心测量，以供液压 AGC 进行偏心补偿。

4.4 厚度自动控制的基本形式及其控制原理

厚度自动控制是通过测厚仪或传感器（如辊缝仪和压头等）对带钢实际轧出厚度连续地进行测量，并根据实测值与给定值相比较后的偏差信号，借助于控制回路和装置或计算机的功能程序，改变压下位置，把厚度控制在允许偏差范围内的方法。

4.4.1 用测厚仪测厚的反馈式厚度自动控制系统

图 4-3 是反馈式厚度自动控制系统的框图。带钢从轧机中轧出之后，通过测厚仪测出实际轧出厚度 $h_实$ 并与给定厚度值 $h_给$ 相比较，得到厚度偏差 $\Delta h = h_给 - h_实$，将它反馈给厚度自动控制装置，变换为辊缝调节量 ΔS 的控制信号，以消除此厚度偏差。

Δh 与 ΔS 的数学关系可以根据图 4-4 所示的几何关系得到：$\Delta h = fg$，$\Delta S = eg$，fg 为 eg 的一部分，经过数学推导，可以得到如下关系式：

$$\Delta h = \frac{K_m}{M + K_m}\Delta S \qquad (4-1)$$

或 $$\Delta S = \frac{K_m + M}{K_m}\Delta h = \left(1 + \frac{M}{K_m}\right)\Delta h \qquad (4-2)$$

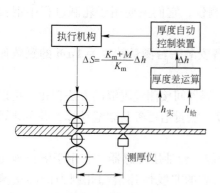

图 4 - 3　反馈式厚度自动控制系统

$h_实$—实测厚度；$h_给$—给定厚度

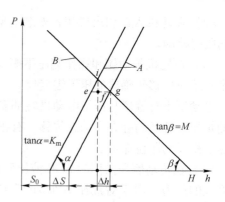

图 4 - 4　Δh 与 ΔS 之间的关系曲线

用测厚仪进行厚度控制时，由于考虑到轧机结构的限制、测厚仪的维护，测厚仪一般装设在离直接产生厚度变化的辊缝 2 ~ 15m 的地方，因检出的厚度变化量与辊缝的控制量不是在同一时间内发生的，所以实际轧出厚度的波动不能得到及时的反映，结果使整个厚度控制系统的操作都有一定的时间滞后，由于有时间滞后，所以这种按比值进行厚度控制的系统很难进行稳定的控制。为了防止厚度控制过程中的此种传递时间滞后，因而采用厚度计式的厚度自动控制系统。

4.4.2　厚度计式厚度自动控制系统

在轧制过程中，任何时刻的轧制压力 P 和空载辊缝 S_0 都可以检测到，因此，可用弹跳方程 $h = S_0 + P/K_m$ 计算出任何时刻的实际轧出厚度 h。在此种情况下，就等于把整个机架作为测量厚度的"厚度计"，这种检测厚度的方法称为厚度计方法（简称 GM），以区别于前述用测厚仪检测厚度的方法。根据轧机弹跳方程测得的厚度和厚度偏差信号进行厚度自动控制的系统称为 GM - AGC 或称 P - AGC。按此种方法测得的厚差进行厚度自动控制可以克服前述的传递时间滞后，但是对于压下机构的电气和机械系统以及计算机控制时程序运行等的时间滞后仍然不能消除，所以这种控制方式，从本质上讲仍然是反馈式的。因此，为了消除厚度偏差 Δh 所必需的辊缝移动量 ΔS 仍可按公式（4 - 1）或公式（4 - 2）来确定。

4.4.3　前馈式厚度自动控制系统

不论用测厚仪还是用"厚度计"测厚的反馈式厚度自动控制系统，都避免不了控制上的传递滞后或过渡过程滞后，因而限制了控制精度的进一步提高。特别是当来料厚度波动较大时，更会影响带钢的实际轧出厚度的精度。为了克服此缺点，在现代化的轧机上都广泛采用前馈式厚度自动控制系统，简称前馈 AGC，如图 4 - 5 所示。

前馈式 AGC 它的控制原理就是在带钢未进入本机架之前测量出其入口厚度 H，并与给定厚度值 H_0 相比较，当有厚度偏差 ΔH 时，便预先估计出可能产生的轧出厚度偏差 Δh，从而确定为消除此 Δh 值所需的辊缝调节量 ΔS，然后根据该检测点进入本机架的时间和移动 ΔS 所需的时间，提前对本机架进行厚度控制，使得厚度的控制点正好就是 ΔH 的检测点。

ΔH、Δh 与 ΔS 之间的关系，可以根据如图 4 - 6 所示的 $P - h$ 图来确定，由图可知：

$$\Delta h = \left(\frac{M}{K_{m} + M}\right)\Delta H \tag{4 - 3}$$

根据公式（4 - 2），则得：

$$\Delta S = \left(\frac{K_{m} + M}{K_{m}}\right)\left(\frac{M}{K_{m} + M}\right)\Delta H = \frac{M}{K_{m}}\Delta H \tag{4 - 4}$$

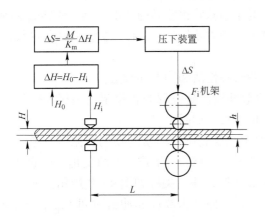

图 4 - 5 前馈 AGC 控制示意图

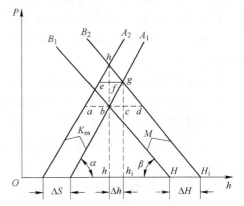

图 4 - 6 ΔH、Δh 与 ΔS 之间的关系曲线

公式（4 - 4）表明，当 K_m 愈大和 M 愈小时，消除相同的来料厚度差 ΔH 压下螺丝所需移动的 ΔS 也就愈小，因此，刚度系数 K_m 比较大的轧机，有利于消除来料厚度差。

4.4.4 监控式厚度自动控制

最早开发应用于实际生产的是以轧机弹跳方程为基础的、得到广泛应用的间接测厚方式的轧制力 AGC。由于这种轧制力 AGC，受到轧辊磨损、轧辊热膨胀、轴承间隙变化、轧辊不圆等因素的影响，测量精度会进一步下降。例如：在空载辊缝为 S_0 和轧制力为 P 的情况下，轧制的钢板厚度为 $h = S_0 + P/K_m$。当轧辊磨损以后，辊缝的实际值变大，轧制厚度变大，而此时如果测量的辊缝不变，即压下没变化，此时的轧制力实际值变小，由 $h = S_0 + P/K_m$ 计算得到的轧制厚度变小，为了消除此误差，轧制力 AGC 要去抬辊，增加辊缝值，这样就是误操作了。本来板厚已经增加，可是轧制力 AGC 却误认为板厚变薄了，这种现象是轧制力 AGC 本身无法克服的缺点，于是就需要用直接测厚的方法来修正此误差。修正的办法就是用精度较高（1.0%）的射线测厚仪来进行监控，即以机架出口钢板厚差的平均值来修正机架的辊缝。一般有两种方式，一种是监控本块钢，即每隔 3 ~ 5m 取这段钢板厚差平均值去调整机架的辊缝，保证本块钢能精确地保持在给定厚度值上。另一种是监控下块钢，即将整块钢的厚差平均值用来调整下块钢的预设定辊缝，保证同规格品种的下块钢比上块钢的厚差更小。这个射线监控的 AGC 应在轧制线工艺状况比较稳定的情况下使用，否则甚至会出现更大的误差。

轧制力厚度自动控制是采用压力传感器的轧制力信号作为厚度变化的指示，并用此信号来调整压下位置以修正厚度偏差。轧制力不能给出实际厚度的测量值，仅能反映出厚度相对于初始值的变化。所以为了保持对轧制力 AGC 系统的校准，通常都需要在轧机（或机组）之后，采用一台射线测厚仪，通过周期地核对和修正轧制力 AGC 系统的监控系统来完成。因此射线测厚仪的监视控制是任何成功的厚度自动控制的一个重要组成部分。

监控式厚度自动控制的基本原理就是反馈式厚度自动控制的基本原理。

4.4.5　头部厚度补偿

在咬钢的瞬间，由于头部温度较低，再加上轧制力的冲击作用，辊缝有一个上升的尖峰。若不进行补偿，会使得轧件的头部变厚。为了消除咬钢瞬间的冲击影响，使辊缝保持一条直线，在咬钢前预先降低一定量的辊缝高度，随着咬钢过程，按照冲击补偿的曲线使辊缝恢复到设定值。

头部厚度补偿的做法主要有两种：头部三角形补偿法和冲击补偿法。

（1）头部三角形补偿法。中厚板头部三角形补偿法是根据规程设定的头尾补偿量与补偿长度按照三角形变化逐步叠加到辊缝设定值中去，如图 4-7 所示。

（2）冲击补偿法。中厚板轧制过程是多道次往复轧制，频繁的咬钢和抛钢，考虑咬钢的瞬间，由于轧制力的冲击、液压缸内油柱的弹性回缩和压下螺丝齿隙变化，辊缝有一个上升的尖峰。若不进行补偿，会使得轧件头部变厚，冲击尖峰如图 4-8 所示。冲击补偿法是在咬钢前预先估计冲击尖峰的高度 S_{impact}，按照冲击高度和冲击时间 t_{impact} 对辊缝补偿值进行计算，将补偿值加到辊缝设定值中，保持轧制过程平稳，减小板厚偏差。

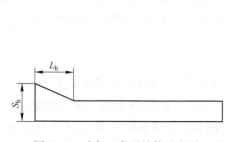

图 4-7　头部三角形补偿示意图

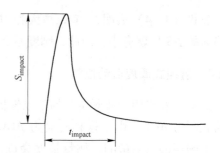

图 4-8　咬钢时辊缝的冲击尖峰

复习思考题

4-1　什么叫 P-H 图，如何用 P-H 图研究轧制过程中厚度变化的规律？

4-2　厚度自动控制的基本形式有哪些？

5 控制轧制、控制冷却

5.1 概述

控制轧制和控制冷却工艺是一项节约合金、简化工序、节约能源消耗的先进轧钢技术。它能通过工艺手段充分挖掘钢材潜力，大幅度提高钢材综合性能，给冶金企业和社会带来巨大的经济效益。由于它具有形变强化和相变强化的综合作用，所以既能提高钢材强度又能改善钢材的韧性和塑性。

长期以来作为热轧钢材的强化手段，添加合金元素或是热轧后再进行热处理，这些措施既增加了成本又延长了生产周期；在性能上，多数情况下是在提高了强度的同时降低了韧性及焊接性能。控制轧制与普通热轧不同，其主要区别在于它打破了普通热轧只求钢材成型的传统观念，不仅通过热加工使钢材得到所规定的形状和尺寸，而且要通过钢的高温变形充分细化钢材的晶粒和改善其组织，以便获得通常需要经常化处理后才能达到的综合性能。因此，从工艺效果上看，控制轧制既保留了普通热轧的功能，又发挥出常化处理的作用，使热轧与热处理有机结合，从而发展成为一项科学的形变热处理技术和节省能源的重要措施。

控制轧制（Controlled Rolling）是在热轧过程中通过对金属加热制度、变形制度和温度制度的合理控制，使热塑性变形与固态相变结合，以获得细小晶粒组织，使钢材具有优异综合力学性能的轧制新工艺。对低碳钢、低合金钢来说，采用控制轧制工艺主要是通过控制轧制工艺参数，细化变形奥氏体晶粒，经过奥氏体向铁素体和珠光体的相变，形成细化的铁素体晶粒和较为细小的珠光体球团，从而达到提高钢的强度、韧性和焊接性能的目的。

控制冷却（Controlled Cooling）是控制轧后钢材的冷却速度达到改善钢材组织和性能的新工艺。由于热轧变形的作用，促使变形奥氏体向铁素体转变温度（A_{r3}）提高，相变后的铁素体晶粒容易长大，造成力学性能降低。为细化铁素体晶粒，减小珠光体片层间距，阻止碳化物在高温下析出，以提高析出强化效果而采用控制冷却工艺。控制轧制和控制冷却相结合能将热轧钢材的两种强化效果相加，进一步提高钢材的强韧性和获得合理的综合力学性能。

由于控轧可得到高强度、高韧性和具有良好焊接性的钢材，故控轧钢可代替低合金常化钢和热处理常化钢做造船、建桥的焊接构件，运输、机械制造、化工机械中的焊接构件。目前控轧钢广泛用于生产建筑构件和生产输送天然气和石油的大口径钢管。

Nb、V、Ti 元素的微合金钢采用控制轧制和控制冷却工艺将充分发挥这些元素的强韧化作用，获得高的屈服强度、抗拉强度、很好的韧性、低的脆性转变温度、优越的成型性能和较好的焊接性能。

根据控制轧制和控制冷却理论和实践，目前，已将这一新工艺应用到中、高碳钢和合金钢的轧制生产中，取得了明显的经济效益。

　　但控轧也有一些缺点，对有些钢种，要求低温变形量较大。因此加大轧机负荷，对中厚板轧机单位辊身长度的压力由 1t/mm 现加大到 2t/mm。由于要严格控制变形温度、变形量等参数，因此要有齐全的测温、测压、测厚等仪表；为了有效地控制轧制温度，缩短冷却时间，必须有较强的冷却设施，加速冷却速度，控轧并不能满足所有钢种、规格对性能的要求。

5.2　控制轧制的种类

　　钢在控制轧制变形过程中或变形之后，钢组织的再结晶对钢的控制轧制起决定性作用，尤其是控轧时变形温度更为重要。因此，根据钢在控轧时所处的温度范围或塑性变形是处在再结晶过程、非再结晶过程或者 $\gamma-\alpha$ 相变的两相区过程中，从而将控轧分为如下三种类型。

　　（1）高温控制轧制（再结晶型控制轧制，又称Ⅰ型控制轧制）。如图 5-1（a）所示。轧制全部在奥氏体再结晶区内进行，有比传统轧制更低的终轧温度（950℃左右）。它是通过奥氏体晶粒的形变、再结晶的反复进行使奥氏体再结晶晶粒细化，相变后能得到均匀的较细小的铁素体珠光体组织。在这种轧制制度中，道次变形量对奥氏体再结晶晶粒的大小有主要的影响，而对奥氏体再结晶区间的总变形量的影响较小。这种加工工艺最终只能使奥氏体晶粒细化到 20~40μm，相转变后也只能得到 20μm 左右（相当于 ASTMNo8 级）较细的均匀的铁素体。由于铁素体尺寸的限制，因此热轧钢板综合性能的改善不突出。

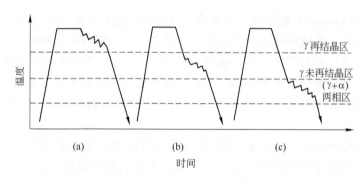

图 5-1　控制轧制分类示意图
（a）高温控制轧制；（b）低温控制轧制；（c）（γ+α）两相区控制轧制

　　（2）低温控制轧制（未再结晶型控制轧制，又称Ⅱ型控制轧制）。如图 5-1（b）所示。为了突破Ⅰ型控制轧制对铁素体晶粒细化的限制，就要采用在奥氏体未再结晶区的轧制。由于变形后的奥氏体晶粒不发生再结晶，因此变形仅使晶粒沿轧制方向拉长，并在晶内形成变形带。当轧制终了后，未再结晶的奥氏体向铁素体转变时，铁素体晶核不仅在奥氏体晶粒边界上，而且也在晶内变形带上形成（这是Ⅱ型控制轧制最重要的特点），从而获得更细小的铁素体晶粒（可以达到 5μm，相当于 ASTMNo12 级），因此使热轧钢板的综合机械性能，尤其是低温冲击韧性有明显的提高。奥氏体未再结晶区的轧制可以通过低温大变形来获得，也可通过较高温度的小变形来获得。前者要求轧机有较大的承载负荷的能力，而后者虽对轧机的承载能力要求低些，但却使轧制道次增加，既限制了产量也限制了奥氏体未再结晶区可能获得的总变形量（因为温降的原因）。在对未再结晶区变形的研究中发现，多道次小变形与单道次大变形只要总变形量相同则可具有同样的细化铁素体晶粒的作用，即变形的细化效果在变形区间内有累计作用。所以在奥氏体未再结晶区内变形时只要保证必要的总变形量即可。比较理想的总变形量应在 30% ~ 50%（从轧件厚度来说，轧件厚度等于成品厚度的 1.5 ~ 2 倍时开始进入奥氏体未再结晶区轧制）。而小的总变形量将造成未再结晶奥氏体中的变形带分布不均，导致转变后铁素体晶粒不均。在实际生产中使用Ⅱ型控制轧制时不可能只在奥氏体未再结晶区中进行轧制，它必然要先在高温奥氏体再结晶区进行变形，经过多次的形变、再结晶使奥氏体晶粒细化，这就为以后进入奥氏体未再结晶区的轧制准备好了组织条件。但是在奥氏体再结晶区与奥氏体未再结晶区间还有一个奥氏体部分再结晶区，这是一个不宜进行加工的区域。因为在这个区内加工会产生不均匀的奥氏体晶粒，为了不在奥氏体部分再结晶区内变形，生产中只能采用待温的办法（空冷或水冷），从而延长了轧制周期，使轧机产量下降。

对于普通钢种，奥氏体未再结晶区的温度范围窄小，例如 16Mn 钢当变形量小于 20% 时其再结晶温度在 850℃ 左右，而其相变温度在 750℃ 左右，奥氏体未再结晶区的加工温度范围仅有 100℃ 左右，因此难以在这样窄的温度范围进行足够的加工。只有那些添加铌、钒、钛等微量合金元素的钢，由于它们对奥氏体再结晶有抑制作用，就扩大了奥氏体未再结晶区的温度范围，如含铌钢可以认为在 950℃ 以下都属于奥氏体未再结晶区，因此才能充分发挥奥氏体未再结晶区变形的优点。

（3）两相区的控制轧制（也称Ⅲ型控制轧制）。如图 5 - 1（c）所示。在奥氏体未再结晶区变形获得的细小铁素体晶粒尺寸在变形量为 60% ~ 70% 时达到了极限值，这个极限值只有进一步降低轧制温度，即在 A_{r3} 以下的奥氏体 + 铁素体两相区中给以变形才能突破。轧材在两相区中变形时形成了拉长的未再结晶奥氏体晶粒和加工硬化的铁素体晶粒，相变后就形成了由未再结晶奥氏体晶粒转变生成的软的多边形铁素体晶粒和经变形的硬的铁素体晶粒的混合组织，从而使材料的性能发生了变化，即强度和低温韧性提高、材料的各向异性加大、常温冲击韧性降低。采用这种轧制制度时，轧件同样会先在奥氏体再结晶区和奥氏体未再结晶区中变形，然后才进入到两相区变形。由于在两相区中变形时的变形温度低，变形抗力大，因此除对某些有特殊要求的轧材外很少使用。

5.3 控制冷却的种类

控制冷却作为钢的强化方法已为人们所重视。利用相变强化可以提高钢板的强度。通过轧后控制冷却能够在不降低韧性的前提下进一步提高钢的强度。控制冷却钢的强韧性取决于轧制条件和控制冷却条件。控制冷却实施之前钢的组织状态又决定于控制轧制工艺参数、奥氏体状态、晶粒大小、碳化物析出状态，这些都将直接影响相变后的组织结构和形态。而控制冷却条件（开始控冷温度、冷却速度、控冷停止温度）对变形后、相变前的组织也有影响，对相变机制、析出行为、相变产物更有直接影响。因此，控制冷却工艺参数对获得理想的钢板组织和性能是极其重要的。同时，也必须将控制轧制和控制冷却工艺有机地结合起来，才能取得控制冷却的最佳效果。

控制冷却是通过控制热轧钢材轧后冷却条件来控制奥氏体组织状态、控制相变条件、控制碳化物析出行为、控制相变后钢的组织和性能,从这些内容来看,控制冷却就是控制热轧后 3 个不同冷却阶段的工艺条件或工艺参数。这 3 个冷却阶段一般称作一次冷却、二次冷却及三次冷却(空冷)。3 个冷却阶段的目的和要求是不相同的。

(1)一次冷却,是指从终轧温度开始到奥氏体向铁素体开始转变温度 A_{r3} 或二次碳化物开始析出温度 A_{rcm} 范围内的冷却,控制其开始快冷温度、冷却速度和快冷终止温度。一次冷却的目的是控制热变形后的奥氏体状态,阻止奥氏体晶粒长大或碳化物析出,固定由于变形而引起的位错,加大过冷度,降低相变温度,为相变做组织上的准备。相变前的组织状态直接影响相变机制和相变产物的形态和性能。一次冷却的开始快冷温度越接近终轧温度,细化奥氏体和增大有效晶界面积的效果越明显。

(2)二次冷却,是指热轧钢板经过一次冷却后,立即进入由奥氏体向铁素体或碳化物析出的相变阶段,在相变过程中控制相变冷却开始温度、冷却速度(快冷、慢冷、等温相变等)和停止控冷温度。控制这些参数,就能控制相变过程,从而达到控制相变产物形态、结构的目的。参数的改变能得到不同相变产物、不同的钢材性能。

(3)三次冷却或空冷,是指相变之后直到室温这一温度区间的冷却参数控制。对于一般钢材,相变完成,形成铁素体和珠光体。相变后多采用空冷,使钢板冷却均匀、不发生因冷却不均匀而造成的弯曲变形,确保板形质量。另外,固溶在铁素体中的过饱和碳化物在空冷中不断弥散析出,使其沉淀强化。

对一些微合金化钢,在相变完成之后仍采用快冷工艺,以阻止碳化物析出,保持其碳化物固溶状态,以达到固溶强化的目的。

总之,钢种不同、钢板厚度不同和对钢板的组织和性能的要求不同,所采用的控制冷却工艺也不同,控制冷却参数也有变化,三个冷却阶段的控制冷却工艺也不相同。

5.4　分阶段轧制和多块钢轧制

根据生产钢种、规格以及成品性能的不同要求,控制轧制需考虑分阶段轧制。分阶段轧制一般分为两阶段轧制和三阶段轧制。

由于控制轧制要控制不同轧制阶段的开轧温度,因此在轧制过程中势必存在中间坯的待温过程。对于单机架,如果中间坯的待温时间大于其上一个阶段的轧制时间,则可以在这段时间内安排下一块钢的轧制;对于双机架,如果中间坯的待温时间大于其在粗轧机和精轧机各自的轧制时间,则在中间坯待温时间内也可考虑进行下一块钢的轧制。根据生产工艺的要求(轧制阶段、各阶段的压下率以及开轧温度和终轧温度等),计算出每个轧件的轧制时间和中间坯的待温时间,就可以进行合理的节奏安排,确定采用几块钢在一段时间内同时进行轧制以提高轧制产量,这就是所谓的"多块钢轧制"。

采用单机架配置时,两阶段轧制或三阶段轧制全部在单机架上完成,两阶段轧制采用多块钢顺序轧制方式(Linear Rolling),三阶段轧制可采用多块钢顺序轧制方式或多块钢交叉轧制方式(Tandem Rolling)。采用双机架配置时,两阶段轧制在粗轧机上完成第一阶段轧制,在精轧机上完成第二阶段轧制。三阶段轧制时,为了尽可能保持两机架的负荷平衡,同时兼顾两机架的轧制节奏,多采用粗轧机完成两个阶段轧制,精轧机完成第三阶段轧制。图 5-2~图 5-5 分别为单机架轧机和双机架轧机的两阶段和三阶段轧制示意图。

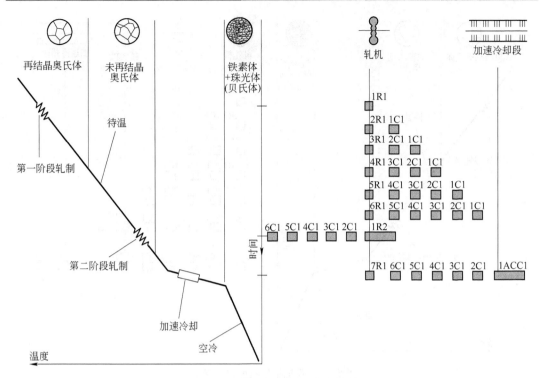

图 5 - 2 单机架轧机两阶段轧制

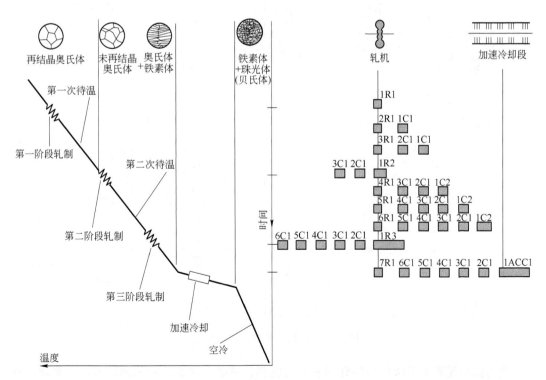

图 5 - 3 单机架轧机三阶段轧制

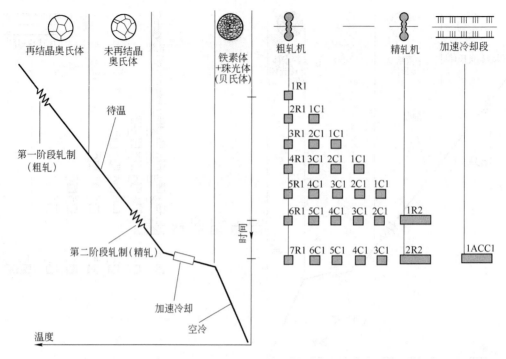

图 5 - 4　双机架轧机两阶段轧制

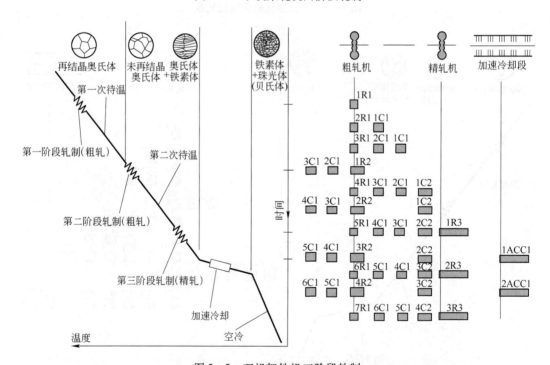

图 5 - 5　双机架轧机三阶段轧制

　　上面我们提到了多块钢顺序轧制和交叉轧制，这是多块钢轧制的两种方法。多块钢顺序轧制主要在两阶段或三阶段轧制时采用，多块钢交叉轧制主要在三阶段轧制时采用。下面就单机架的两阶段多块钢顺序轧制和三阶段交叉轧制做一个简单的比较说明。

如图 5-6 所示，单机架两阶段顺序轧制通常能够同时轧制两块以上的坯料，中间坯待温冷却的位置是在机前和机后。第一阶段轧制坯料全部按奇数道次完成并送至轧机出口区域，在轧机出口区域冷却一段时间后，所有的中间坯再通过空过道次（Dummy Pass）运送回机前，在达到开轧温度后，再按顺序进行精轧（第二阶段）轧制。

如图 5-7 所示，单机架三阶段交叉轧制总是选择对两块坯料进行轧制，中间坯的待温冷却位置是不同的，第一阶段中间坯在机前冷却，第二个阶段中间坯在机后冷却。第一阶段至第二阶段的冷却位置变化是通过常规道次或空过道次（假道次）来实现的，在第一块坯料的第二个冷却阶段将进行第二块中间坯的轧制，然后在第二块中间坯的第一次冷却期间，第一块坯料完成精轧轧制。

从图 5-6 和图 5-7 中可以看出，单机架的交叉轧制对于加热炉的出炉节奏和轧制节奏是匹配的，顺序轧制的出炉节奏和轧制节奏是不匹配的（要求加热炉一次要出炉多块坯料）。交叉轧制只能在三阶段轧制时采用，而且对轧制块数有所限制（只能是两块），而顺序轧制能够同时轧制两块以上的钢板，对于轧线产能的发挥更加有利。仅对单机架的三阶段轧制而言，如果轧制时间和中间坯待温冷却时间的关系只能维持两块钢板轧制时，应选用交叉轧制，否则应尽量选用顺序轧制。

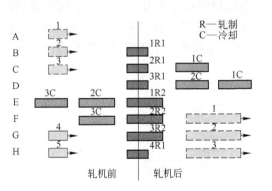

图 5-6 单机架多块钢顺序轧制

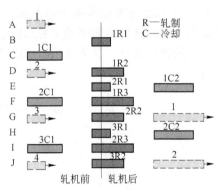

图 5-7 单机架多块钢交叉轧制

复习思考题

5-1 控制轧制的概念是什么，控制轧制分哪几种？

5-2 控制冷却的概念是什么，控制冷却分哪几种？

6 板形控制

6.1 板形的基本概念

实际上，板形是指成品带钢断面形状和平直度两项指标，断面形状和平直度是两项独立指标，但相互存在着密切关系。严格来说，板形又可分为视在板形与潜在板形两类。所谓视在板形，就是指在轧后状态下即可用肉眼辨别的板形；而潜在板形是在轧制之后不能立即发现，而要在后部加工工序中才会暴露的板形。例如，有时从轧机轧出的板材看起来并无浪瓢或有浪瓢经矫直后浪瓢消失，但一经纵剪后，即出现旁弯或者浪皱，于是便称这种板材具有潜在板形缺陷。我们的总目标是要将视在板形或潜在板形都控制在允许的范围之内，而并不仅仅满足于轧后或矫后平直。

图 6-1 给出了断面厚度分布的实例，轧出的板材断面呈鼓肚形，有时带楔形或其他不规则的形状。这种断面厚差主要来源于不均匀的工作辊缝。如果不考虑轧件在脱离轧辊后所产生的弹性恢复，则可认为，实际的板材断面厚差即等于工作辊缝在板宽范围内的开口度差。

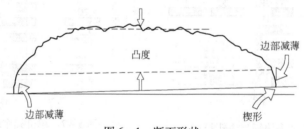

图 6-1　断面形状

从用户的角度看，最好是断面厚差等于零。但是在目前的技术条件下还不可能达到。在以无张力轧制为其特征的中厚板热轧过程中，为保证轧件运动的稳定性，从而确保轧制操作稳定可靠，尚要求工作辊缝（也就是所轧出成品的断面）稍带鼓形。

断面形状实际上是厚度在板宽方向（设为 x 坐标）的分布规律，可用一个多项式加以逼近，即：

$$h(x) = h_e + ax + bx^2 + cx^3 + dx^4$$

式中　h_e——带钢边部厚度，但由于存在"边部减薄"（由于轧辊压扁变形在板宽处存在着过渡区而造成），因此一般取离实际带边 40mm 处的厚度作为 h_e。

其中一次项实际为楔形的反映，二次项（抛物线）为对称断面形状，对于宽而薄的板带亦可能存在三次项和四次项，边部减薄一般可用正弦或余弦函数表示。

在实际控制中，为了简单，往往以其特征量，即凸度为控制对象。出口断面凸度计算式为：

$$\delta = h_c - h_e$$

式中 h_c——板带（宽度方向）中心的厚度。

为了确切表述断面形状，可以采用相对凸度 $CR = \delta/h$ 作为特征量（h 为宽度方向平均厚度），考虑到测厚仪所测的实际厚度为 h_e 或 h_c，也可以用 δ/h_e 或 δ/h_c 作为相对凸度。

平直度一般是指浪形、瓢曲或旁弯的有无及存在程度，如图 6-2 所示。平直度和带钢在每机架入口与出口处的相对凸度是否匹配有关，如图 6-3 所示。假设带钢沿宽度方向可分为许多窄条，对每个窄条存在以下体积不变关系（假设不存在宽展）：

$$\frac{L(x)}{l(x)} = \frac{h(x)}{H(x)}$$

式中 $L(x)$、$H(x)$——入口侧 x 处窄条的长度和厚度；

　　　$l(x)$、$h(x)$——出口侧 x 处窄条的长度和厚度。

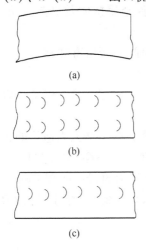

图 6-2 平直度

（a）旁弯；（b）边浪；（c）中浪

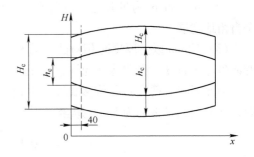

图 6-3 入口和出口断面形状

也可以用

$$\frac{L_e}{l_e} = \frac{h_e}{H_e} \quad 及 \quad \frac{L_c}{l_c} = \frac{h_c}{H_c}$$

分别表示边部和中部小条的变形。良好平直度的条件为：

$$l_e = l_c = l_x$$

设 $\Delta l = l_c - l_e$，则：

$$\Delta L = L_c - L_e$$

式中 ΔL——轧前来料平直度。

设来料凸度为 Δ（断面形状），则：

$$\Delta = H_c - H_e$$

将 $H_c L_c = h_c l_c$ 和 $H_e L_e = h_e l_e$ 两式相减后得：

$$H_c L_c - H_e L_e = h_c l_c - h_e l_e$$

$$(\Delta + H_e)(\Delta L + L_e) - H_e L_e = (\delta + h_e)(\Delta l + l_e) - h_e l_e$$

展开后如忽略高阶微小量后可得：

$$\frac{\Delta l}{l} = \frac{\Delta L}{L} + \frac{\Delta}{H} - \frac{\delta}{h}$$

平直度良好条件为 $\Delta l/l = 0$，所以有：

$$\frac{\delta}{h} = \frac{\Delta L}{L} + \frac{\Delta}{H}$$

如来料平直度良好，$\Delta L/L = 0$，则：

$$\frac{\delta}{h} = \frac{\Delta}{H}$$

即在来料平直度良好时，入口和出口相对凸度相等，这是轧出平直度良好的带钢的基本条件。

上面所述的相对凸度恒定为板形良好条件的结论，对于冷轧来说是严格成立的。对于中厚板轧制由于前几个机架轧出厚度尚较厚，轧制时还存在一定的宽展，因而减弱了对相对凸度严格恒定的要求。图 6-4 给出了不同厚度时轧件金属横向及纵向流动的可能性，由图 6-4 可知热轧存在以下三个区段。

（1）轧件厚度小于 6mm 左右时不存在横向流动，因此应严格遵守相对凸度恒定条件以保持良好平直度。

（2）6~12mm 为过渡区，横向流动由 0% 变到 100%。此处 100% 仅意味着将可以完全自由地宽展。

（3）12mm 以上厚度时相对凸度的改变受到限制较小，即不会因为适量的相对凸度改变而破坏平直度。因此将会允许各小条有一定的不均匀延伸而不会产生翘曲。

为此 Shohet 等曾进行许多试验，并由此得出图 6-5 所示的 Shohet 和 Townsend 临界曲线，此曲线的横坐标为 b/h，纵坐标则为变形区出口和入口处的相对凸度差 ΔCR。

$$\Delta CR = \frac{CR_h}{h} - \frac{CR_H}{h_0}$$

式中 CR_h，CR_H——出口和入口带钢凸度；

        h，h_0——出口和入口带钢厚度。

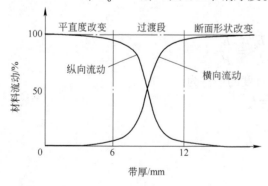

图 6-4 横向及纵向流动的三个区段

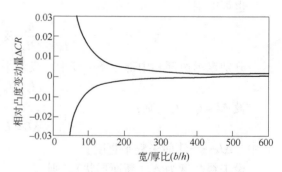

图 6-5 Shohet 和 Townsend 的临界曲线

图 6-5 所示曲线的公式为：

$$-40 \left(\frac{h}{b}\right)^{1.86} < \Delta CR < 80 \left(\frac{h}{b}\right)^{1.86}$$

上部曲线是产生边浪的临界线，当 ΔCR 处在曲线的上部时将产生边浪。下部曲线为产生中浪的临界线。此曲线限制了每个道次能对相对凸度改变的量，超过此量将产生翘曲

（破坏了平直度）。

6.2　影响辊缝形状的因素

如若忽略轧件本身的弹性变形，钢板横断面的形状和尺寸取决于轧制时辊缝（工作辊缝）的形状和尺寸，因此造成辊缝变化的因素都会影响钢板横断面的形状和尺寸。影响辊缝形状的因素有：

（1）轧辊的热膨胀；

（2）轧制力使辊系弯曲和剪切变形（轧辊挠度）；

（3）轧辊的磨损；

（4）原始辊型；

（5）VC 辊、HCW 轧机、CVC 轧机或 PC 轧机对辊型的调节；

（6）弯辊装置对辊型的调节。

6.3　普通轧机板形控制方法

对于普通的四辊轧机，常用的板形控制方法有以下几种：调温控制法，合理的生产安排，设定合理的轧辊凸度，合理制定轧制规程，液压弯辊。

（1）调温控制法。人为地改变辊温分布，以达到控制辊型的目的。对于采用水冷轧辊的钢板热轧机，如发现辊身温度过高，可适当增大轧辊中段或边部冷却水的流量以控制热辊型，相反，如发现辊身温度偏低，可适当减小轧辊中段或边部冷却水的流量以控制热辊型。

调温控制法是生产中常用的辊型调整方法，多半由人工根据料形与厚差的实际情况进行辊温调节。由于轧辊本身热容量大，升温或降温需要较长的过渡时间，辊型调节的反应很慢，因此，次品多且急冷急热容易损坏轧辊。对于高速轧机，仅仅靠调节辊温来控制辊型是不能很好地满足生产发展要求的。

（2）合理的生产安排。在一个换辊周期内，一般是按下述原则进行安排，即先轧薄规格，后轧厚规格；先轧宽规格，后轧窄规格；先轧软的，后轧硬的；先轧表面质量要求高的，后轧表面质量要求不高的；先轧比较成熟的品种，后轧难轧的品种。如某车间，在换上新辊之后，一般是先轧较厚、较窄的成熟品种，即烫辊材，以预热轧辊使辊型能进入理想状态。然后，逐渐加宽、减薄（过渡材），当热辊型达到稳定（轧机状态最佳），开始轧制最薄、最宽的品种，随着轧机的磨损，又向厚而窄的品种过渡，一直轧到换辊为止。一个换辊周期内产品规格的安排，似如钢锭形，如图 6 - 6 所示。

（3）设定合理的轧辊凸度。辊型设计的内容包括确定轧辊的总凸度值、总凸度值在一套轧辊上的分配以及确定辊面磨削曲线。

四辊轧机轧辊磨削凸度的分配原则有两种，一种是两个工作辊平均分配磨削凸度，两个支撑辊为圆柱形；另一种为磨削凸度集中在一个工作辊上，其余三个轧辊都为圆柱形。后一种方法便于磨削轧辊。

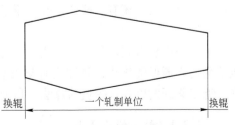

图 6 - 6　产品宽度规格安排的示意图

（4）合理制定轧制规程。轧制负荷的变化导致了辊缝凸度的变化，为了保证钢板板形良好，生产中必须首先对轧机各道次的负荷进行合理的分配。前面的道次主要考虑轧机强度和电机能力等设备条件的限制，后面道次主要考虑如何得到良好的板形。这种方法制定轧制规程时，一般只考虑到压下量大小（或轧制力）对板形的影响，而未估计到轧制过程中轧辊热膨胀和磨损等变化因素对板形的影响，因而不能保证每一张钢板都得到良好的板形。鉴于此，可以采用动态负荷分配法计算轧机预设定值。它在实际计算过程中是根据每一张钢板轧制时的实际状况，从板形条件出发，充分考虑到轧辊辊型的实时变化，因此这一方法尤其适合于生产中经常变换规格的情况，对于新换轧辊或停车时间较长的情形也能很快得到适应，轧出具有良好板形的钢板来。

6.4　理论法制定压下规程

6.4.1　压下规程的制定原则

中厚板轧制规程的制定是轧机过程控制模型设定系统的核心内容，它是一个多目标最优化过程。它的约束条件包括：

（1）轧机牌坊极限能力；

（2）轧辊安全条件；

（3）连接轴安全条件；

（4）电机能力；

（5）轧制工艺条件；

（6）板形良好条件；

（7）转钢限制等。

其控制目标包括：最少轧制道次、轧制负荷均匀、板形良好、达到目标厚度和目标宽度、满足轧制工艺、平面形状良好等。

由此可见轧制规程的制定非常烦琐，一般需要通过大量的迭代计算才能得到合理的轧制规程。控制目标的侧重点不同，轧制规程的计算结果也会发生变化。合理的优化计算过程需要考虑不同产品的控制目标要求。

6.4.2　轧机负荷分配

随着计算机技术和轧机制造技术的发展，大量的轧机负荷分配算法得到开发和应用。其中国外影响较大的主要有：恒比例凸度法、联合控制凸度－板形法、带有板形控制的满负荷道次分配法。还有一些比较好的压下规程分配方法，但基本上是从这三种算法演变发展而来的。

国内中厚板轧制负荷分配算法的研究起步较晚，20 世纪 80 年代初提出的中厚板精轧压下量逐步逼近优化法，是国内较早发表的中厚板负荷分配算法。随着计算机技术的发展，近年又开发出综合等负荷算法、负荷协调分配算法等新的负荷分配方法。

6.4.2.1　恒比例凸度法

恒比例凸度法实际上是借鉴了热连轧规程分配的思想。最初的几个道次采用满负荷道次，尽量在轧机能力允许的范围内加大压下量，减少轧制道次，降低热损失。后几个道次，特别是后 3 个道次为板形道次，需要满足比例凸度恒定的原则。因此恒比例凸度法一般采用分段控制策略，如图 6-7 所示，即在前面道次不考虑板凸度和板形的影响，而只在后几个道次严格遵循比例凸度恒定原则，使轧件出口板形稳定。这种算法应用比较早，对早期中厚板压下规程制定有很大影响。

6.4.2.2 联合控制凸度 - 板形法

因为恒比例凸度法需要的精轧道次较多，而且忽略了厚板轧制过程中的金属横向流动，所以开发出联合控制凸度 - 板形压下规程设计法。这种方法在压下规程分配时考虑了轧制过程金属横向流动的影响，允许在中间道次偏离等比例凸度线，实行一定程度的大压下轧制，只对末道次给予严格控制。由于厚板轧制过程中金属有较大的横向流动，所以偏离恒比例凸度线对板形不会产生太大的影响，但可以显著提高轧机的生产能力。其压下规程分配的示意图如图 6-8 所示。

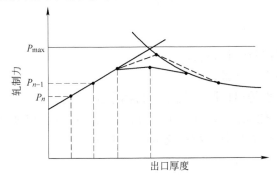

图 6-7 中厚板压下规程分配的恒比例凸度法

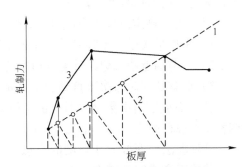

图 6-8 中厚板压下规程分配的
联合控制凸度 - 板形法
1—恒比例凸度线；2—恒比例凸度法确定的压下
规程；3—联合控制凸度 - 板形法确定的压下规程

6.4.2.3 带有板形控制的满负荷道次分配法

一般的老式中厚板轧机缺少板凸度控制手段，所以在制定后部精轧道次的轧制规程时，需要遵循比例凸度恒定的原则，这必然限制轧机能力的发挥。随着大凸度控制轧机（如 PC 轧机、CVC 轧机）的出现，轧机具备了强有力的板凸度控制手段，因而中厚板压下规程的分配方法发生了变化。这些新型轧机板凸度控制范围足够宽，所以可采用全新的压下规程分配法——带有板形控制的满负荷道次分配法。该方法根据终轧厚度、终轧凸度的要求，在保证各个道次满负荷的条件下，制定相应的轧制规程。比例凸度恒定的原则可以通过强力板形控制手段进行调整补偿。图 6-9 是其中使用 PC 轧机的情况下，某一个道次的压下量和交叉角的确定方法示意图。由于出口板厚与板凸度已知，根据恒比例凸度原则可计算出入口比例凸度，然后计算出入口板凸度以及板形良好对应的凸度控制范围。采用该方法可以最大幅度地减少轧制道次，同时保持板形良好。

6.4.2.4 负荷协调分配算法

负荷协调分配算法吸收了逼近法和综合等负荷分配算法的优点，克服了逼近法对于轧

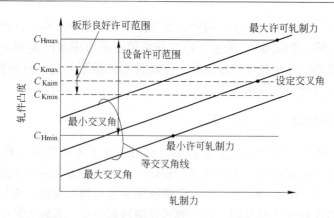

图 6 - 9　PC 轧机道次压下量和交叉角的确定方法

制力修正系数选取的不确定性，并可以很方便地根据实际板形对压下规程进行调节。负荷协调分配算法的基本思想如下：

（1）首先确定总轧制道次数。具体步骤如下：

1）根据最大压下率限制计算总轧制道次数的初始值；

2）借鉴逼近法思想，计算各道次的最大压下量；

3）调整总轧制道次数直到满足第 n 道次的出口厚度 h_n 小于目标厚度 h_{target}。

（2）总轧制道次数确定后，由于第 n 道次的出口厚度小于目标厚度，所以需要通过调整压下规程满足 $|h_n - h_{target}| < e_{min}$，综合等负荷函数法就可以得到采用。

这种算法处理板形和凸度的思想是：使后三个或四个道次轧制力呈线性下降，终轧轧制力一般在最大许可轧制力的 40% ~ 70% 之间。最大许可轧制力等于调节系数 k_F 和最大轧制力 F_{max} 的乘积。在规程调整初始阶段，取 $k_F = 1$，其他限制系数如轧制力矩限制系数等也都取值为 1。在调整轧制规程时，如图 6 - 10 所示，减小 k_F，则每个道次的最大压下量也会随之减小。很明显，如果 k_F 减小到一个

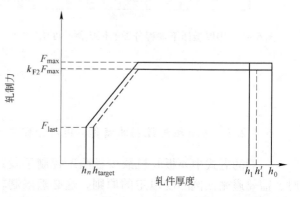

图 6 - 10　轧制力调节系数与道次最大压下量的关系

合适的数值 k_{F2} 时，第 n 道次的出口厚度正好等于目标厚度。

实际轧制过程中有很多因素在制定轧制规程前是未知的。轧辊的磨损凸度和热膨胀凸度的影响、轧件温度的波动都会对轧件的板形产生影响，而这些因素的影响很难通过精确的数学模型给出估计。该算法针对这种情况提出动态调整方法：如果轧件的最终道次板形出现边浪，则降低终轧轧制力 F_{last}；如果轧件出现中浪，则增加 F_{last}。这种方法实际是对人工调整轧制规程方法的总结，实践证明这种方法实用性很强，同时比较灵活。

6.4.2.5　带弯辊的逼近满负荷分配法

随着轧机能力和轧制宽度的不断增大，工作辊弯辊系统逐渐得到应用，由此提出逼近

满负荷分配法。

　　分析中厚板轧制过程可知，对轧件板形和板凸度有决定性影响的道次主要是后三四个道次，前面道次轧件厚度比较厚，凸度遗传效应小，所以不必对一块钢所有轧制道次全部采用弯辊进行板形控制，只需要在后几个关键道次采用弯辊进行板形和板凸度调整即可满足相应的精度要求。结合这个特点，该方法充分考虑中厚板的横向流动，只在最后三个或四个道次进行弯辊控制，各道次允许比例凸度在板形良好范围内波动，而前面道次不采用弯辊，并尽量发挥轧机的能力采取大压下量。

　　弯辊力最大设定值是一个关键参数。目前一些有弯辊装置的轧机通常弯辊力不大，有的最大值只有2000kN，这意味弯辊力对凸度的有效控制是有限的。弯辊力的设定需要考虑最后三、四个道次的比例凸度变化量。假定只对最后三个道次采用弯辊控制，如图6-11所示，目标凸度是C_n，倒数第四个道次的轧件出口比例凸度是C_{n-4}，对于倒数第三和第二个道次，首先在不考虑板形要求的条件下计算最大压下量，并计算出口板形和板凸度，然后设定弯辊力，尽量使其出口板凸度位于恒比例凸度线附近，如果弯辊力设定值达到上限，而出口板凸度仍不能达到恒比例凸度线，则适当减小该道次最大许可轧制力，并重新设定弯辊力，如果通过调整最大许可轧制力还不能满足恒比例凸度要求，则弯辊力取上限值。对于最后一个道次，当道次最大许可轧制力调整完毕且弯辊力设定值达到上限，如果出口板凸度仍不能满足目标凸度时，需要再调整目标凸度，使之满足恒比例凸度要求。

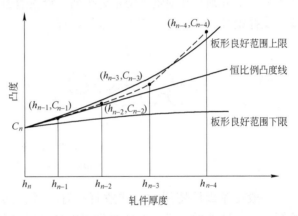

图6-11　板凸度变化与厚度的关系

复习思考题

6-1　板形的基本概念是什么？

6-2　何谓视在板形，何谓潜在板形？

6-3　画图表示板带断面厚度分布的情况。

6-4　板形良好的基本条件是什么？

6-5　影响辊缝形状的因素有哪些？

6-6　对于普通的四辊轧机，常用的板形控制方法有几种？

6-7　理论法制定压下规程的常用方法有哪些？

7 轧件矫直

7.1 概述

钢板在热轧时，由于板温不可能很均匀，延伸也存在偏差，以及随后的冷却和输送原因，不可避免地会造成钢板起浪或瓢曲。为保证钢板的平直度符合产品标准规定，对热轧后的钢板必须进行矫直。

中厚板的矫直设备可大致分为辊式矫直机和压力矫直机两种。如图7-1所示，辊式矫直机上下分别有几根辊子交错地排列，钢板边通过边进行矫直。压力矫直机有两个固定支点支撑钢板，压板施加压力而进行矫直。

钢板行进方向   加压

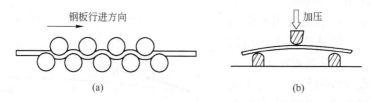

图7-1 矫直机

(a) 辊式矫直机；(b) 压力矫直机

一般在厚板厂使用的辊式矫直机有三种：热矫机、冷矫机、热处理矫直机。热矫机设置在轧制线的轧机后方，它是矫直热钢板的。冷矫机在精整工序，矫直冷钢板。热处理矫直机通常设在热处理炉的出口侧，矫直经过热处理的钢板。

热矫直是使板形平直不可缺少的工序。用于轧制线上的中厚板矫直机有二重式和四重式两种。有些中板厂配备两台热矫直机，一台用来矫直较薄的钢板，一台用来矫直较厚的钢板。目前现代化中厚板厂为了满足高生产率和高质量的要求都改为安装一台四重式热矫直机。几种二重式与四重式热矫直机的矫直辊布置如图7-2所示。

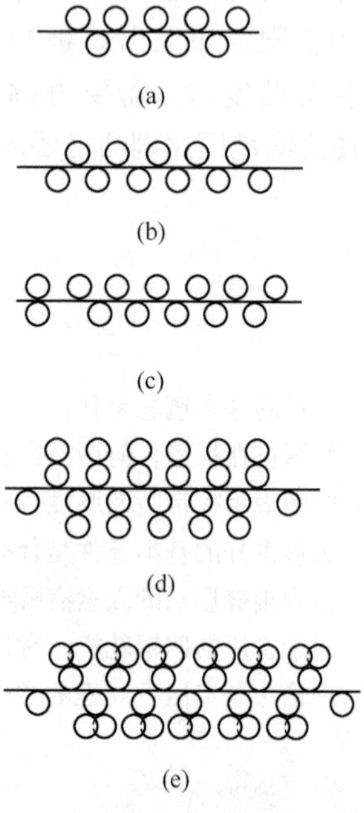

矫直机辊数多为9辊或11辊。矫直终了温度一般在600~750℃，若矫直温度过高，矫直后的钢板在冷床上冷却时还可能发生翘曲；矫直温度过低，则钢的屈服强度上升，矫直效果不好，而且矫直后钢板表面残余应力高，降低钢板的性能，特别是冷弯性能。

为了矫直特厚钢板和对由于冷却不均等原因产生的局部变形进行补充矫直，在中厚板厂还设有压力矫直机，

(a)

(b)

(c)

(d)

(e)

图7-2 热矫直机矫直辊布置图

(a) ~ (c) 二重式；

(d)、(e) 四重式

可以矫直厚度达 300mm 的钢板，矫直压力 5~40MN。为矫直高强度钢板还设置了高强冷矫机，可以矫直 50mm 厚、4250mm 宽的钢板。

随着控轧控冷工艺技术的应用，终轧与加速冷却后的钢板温度偏低（450~600℃），而钢板的屈服强度提高很多。因而对热矫直机的性能提出很高的要求，即在低温区对厚板能进行大应变量的矫直工作，从而促进了热矫直机向高负荷能力和高刚度结构发展。为提高矫直质量，要求矫直的板厚范围也扩大了许多。所以，出现了所谓第三代热矫直机，其主要特点是高刚度、全液压调节及先进的自动化系统。以 MDS 制造的热矫直机为例，由计算机控制的矫直辊缝调节系统可根据钢板厚度设定调节上辊组的开口度，入、出口方向和左右方向的倾斜调节，上辊组可以快速打开、关闭、上矫直辊的弯曲调节用以纠正钢板的中间浪和左右边浪，每个上辊和下辊组的入、出口辊可以单独调节。MDS 为迪林根厚板厂制造的一台重型 9 辊式热矫直机，最大矫直力为 30000kN，矫直钢板厚度为 12~110mm，据介绍，最大矫直厚度为 300mm。

三菱重工为水岛厂制造并于 1988 年投产的 15 辊矫直机，入、出口各 4 个小直径的矫直辊、中间主体部分为 7 个大直径的矫直辊，其矫直钢板厚度为 4.5~80（265）mm，最大矫直力为 41000kN。当矫直厚规格时，入、出口各 2 个小辊抬起，矫薄规格时 15 个矫直辊全部投入，此时轻型与重型矫直辊之间形成最大为 1100kN 的拉力。

SMS 设计的新型高性能 9 辊式厚板热矫直机（HPL），最大特点是矫直辊数和辊距可变，从而可扩大矫直的板厚范围，如矫直辊从 9 辊式可改为 5 辊式，HPL 矫直的板厚范围为 5~120mm，最大宽度为 4500mm。另一个特点是所有的矫直辊（上、下）为单独传动和单独调节。

7.2 辊式矫直机的结构

矫直机主要包括矫直机本体、传动系统和快速换辊装置三大部分，如图 7-3、图 7-4 所示，而本体主要包括机架、辊缝调节系统、弯辊系统和辊系等，如图 7-5 所示。

7.2.1 矫直机机架

机架用于安装和包容矫直机中的其余部件，上下矫直辊之间的矫直力通过上下辊盒传递到机架上。矫直机机架一般有预应力机架和焊接式机架两种形式。在相同规格下预应力机架的刚度大，重量轻，同时制造和安装方便。焊接结构机架主要包含两片焊接式牌坊，通过上下横梁连接在一起。预应力机架包括拉杆及液压螺母、立柱、上横梁和底座等几个部分，用高强度预应力拉杆和液压螺母将底座、立柱和上横梁紧密连接在一起组成矫直机机架，如图 7-6 所示。当矫直机工作时受矫直力的作用，预应力拉杆和立柱的受力得到再分配，拉杆受力增加产生拉伸变形，立柱受力减少发生压缩变形，这能够充分发挥各部件材料的性能，同时这部分刚度等于立柱刚度与拉杆刚度之和。预应力机架结构紧凑，刚度大，一般设计为 10000kN/mm 以上。

7.2.2 辊缝调节系统

传统矫直机机械辊缝调节系统的缺点是精度不高、重现性差和设定准确位置的动态响应性差，不能满足现代矫直机的要求。现代中厚板矫直机采用了液压调节系统以后上述各

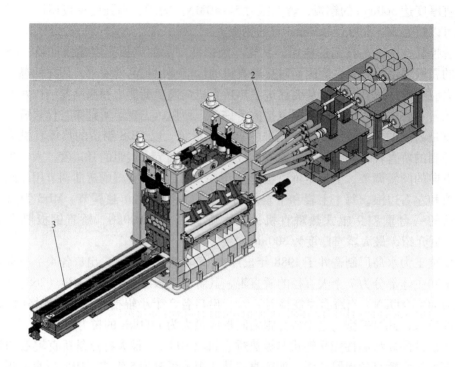

图 7 - 3　单独传动的矫直机

1—矫直机本体；2—传动系统；3—换辊装置

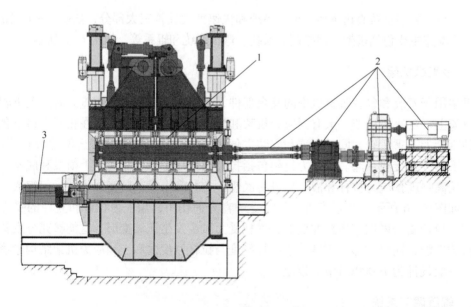

图 7 - 4　分组传动的矫直机

1—矫直机本体；2—传动系统；3—换辊装置

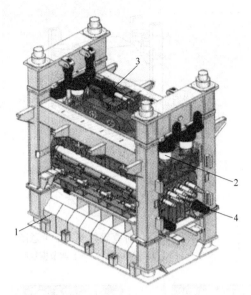

图 7-5　矫直机本体

1—机架；2—辊缝调节系统；3—弯辊系统；4—辊系

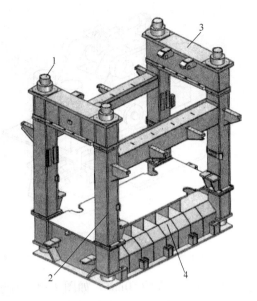

图 7-6　矫直机机架

1—拉杆及液压螺母；2—立柱；3—上横梁；4—底座

方面缺点才有了明显的改善。

矫直机的辊缝调节系统即压下机构为全液压压下结构，由 4 个液压缸及其液压控制系统组成。液压缸的缸体安装在机架横梁上，液压缸活塞杆端借助平衡液压缸紧紧地压在上框架上，而上框架通过锁紧机构与上矫直辊的辊盒紧密结合在一起，这样通过调节上框架的升降实现上辊系的整体压下调节，如图 7-7 所示。矫直机的矫直力全部由这 4 个液压缸提供。4 个液压缸分别由 4 个伺服液压系统单独控制，液压缸的位移由安装在其内部的线性位移传感器控制。液压系统同时具有过载保护功能，当实际的矫直力超过系统设定值时系统自动卸荷，矫直机的开口度达到最大，这样可保护矫直机设备免受损坏。另外，由于 4 个液压压下缸都可以单独调整，通过单独调节 4 个液压缸的行程可以实现上辊箱的纵向倾动和横向倾动，以满足不同板形缺陷的矫直工艺要求。

按照矫直原理，钢板矫直时最佳的弯曲曲率应为在第 3 根矫直辊处最大，沿矫直机出口方向逐渐减小。而对于上矫直辊只能整体压下调整的矫直机来说很难进行上述调整以达到钢板的最佳弯曲顺序。只有所有矫直辊都能独立调整的矫直机才能设定出钢板的最佳弯曲顺序，为矫直钢板提供最好的矫直条件。具有矫直辊单独压下功能的矫直机可以满足上述要求，其结构如图 7-8 所示。

矫直辊单独调整机构是一对相互配合并能相互滑动的楔形块，安装在支撑辊与辊盒之间，每根矫直辊对应一套楔形块。两块相互配合的楔形块在传动系统（液压或电动传动）的作用下沿矫直辊轴向相互滑动以实现对应矫直辊的单独压下。

由于矫直辊可以进行单独压下调节，因而各上、下矫直辊能通过楔形块调节系统作垂直调节以脱离矫直过程，使原来的固定辊距矫直机成为变辊距矫直机，这样可增大原矫直机的矫直范围。例如，将 9 辊矫直机的 3 号、4 号、6 号和 7 号矫直辊分别升降，由其余 5 根矫直辊进行矫直，矫直辊数从 9 根减少到 5 根，将现行的 9 辊矫直机转化成了 5 辊矫直

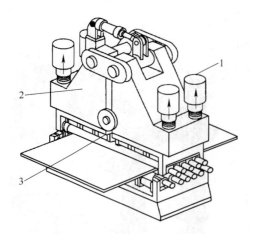

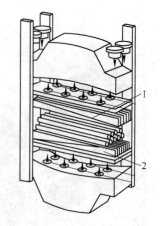

图7-7　矫直机压下液压缸

1—主压下液压缸；2—上矫直辊弯辊系统；3—上辊盒

图7-8　矫直辊单独压下示意图

1—上调节楔块组；2—下调节楔块组

机，矫直范围扩大约50mm，如图7-9
所示，这样相当于一台矫直机具有两
台矫直机的能力。

7.2.3　弯辊系统

在矫直过程中，由于受钢板变形
抗力（矫直力的反作用力）的作用矫
直机会发生弹性变形，变形的形式主
要以伸长、压缩和挠曲等形式出现，

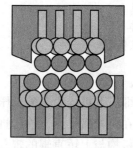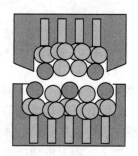

图7-9　矫直机机型转化示意图

反映到上下矫直辊之间将会出现辊缝开口度增大和不平行辊缝两种情况。若对这些辊
缝变化不进行修正，即对矫直机的变形不进行补偿，就达不到良好的矫直效果。矫直
机由于伸长和压缩变形引起的辊缝开口度增大部分由辊缝调节系统来补偿，而由于弯
曲和矫直机两侧轴向力产生的变形引起的不平行辊缝部分由弯辊系统补偿。补偿不平
行辊缝部分的目的是沿板宽方向把辊缝控制成预先设定的平行形状，使钢板在包括矫
直机入口和出口部分在内的整个矫直过程中，矫直机的辊缝都受到控制成为理想的平
行形状，有效地改善板材的横向板形。为此，在矫直机的上部设置了用于辊缝平行形
状控制的上矫直辊V形弯辊系统。

如图7-10所示，上矫直辊弯辊系统主要包括弯辊液压缸、剖分式框架、偏心机构和
铰接件等，由矫直机的4个平衡液压缸吊装在矫直机机架的上横梁。剖分式框架分为两个
部分，在两部分结合面的下部由铰接点相连接，弯辊液压缸的缸体和活塞杆分别与剖分式
框架两部分的上部通过偏心机构相连接，需要时在弯辊液压缸的作用下，剖分式框架的两
部分分别绕铰接点旋转使原本为平面的剖分式框架的底面形成如字母V的形状。由于矫
直机的上辊盒通过锁紧机构与上矫直辊弯辊系统的剖分式框架紧密连接在一起（如图
7-7所示），所以上矫直辊辊盒框架（与剖分式框架相对应分为两个部分）随上矫直辊弯
辊系统产生弯曲变形，从而实现上矫直辊的弯曲。

矫直机弯曲和两侧轴向力产生的变形引起的辊缝形状变化基本上属于抛物线形，而上述弯辊系统的作用效果类似于 V 形，不能够充分地补偿矫直机的弯曲变形，同时会引起支撑辊的偏载现象。为此采用另一种矫直机弯辊系统，其结构如图 7-11 所示。

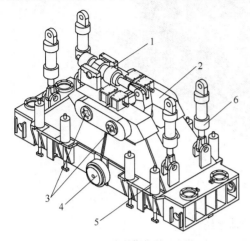 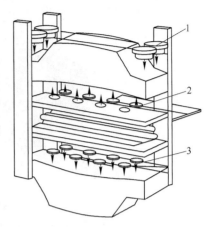

图 7-10　上矫直辊弯辊系统
1—弯辊液压缸；2—剖分式框架；3—偏心机构；
4—铰接件；5—锁紧机构；6—平衡液压缸

图 7-11　上下矫直辊弯辊系统
1—主压下液压缸；2—上弯辊液压缸；
3—下弯辊液压缸

矫直机的上、下框架为整体焊接件，用于控制的盘式弯辊液压缸安装在上下框架和矫直辊辊盒之间。弯辊液压缸由伺服液压系统控制，其工作原理与自动辊缝控制系统相同。辊缝控制系统的主液压缸测得的压力不仅用于辊缝控制，而且用于弯辊液压缸的控制，一旦主液压缸的油压升高，弯辊液压缸就立即开始工作进行矫直辊的弯曲和矫直机的补偿控制。而且盘式弯辊液压缸的压力按照一定的比例设定，使得这种控制的效果能够补偿矫直机的抛物线变形。

7.2.4　矫直辊系统

如图 7-12 和图 7-13 所示，矫直机辊系包括上辊系和下辊系，上辊系包括上工作辊

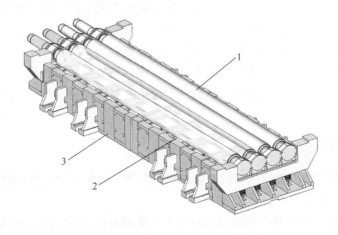

图 7-12　上矫直辊系统
1—上矫直辊；2—上支撑辊；3—上辊系辊盒

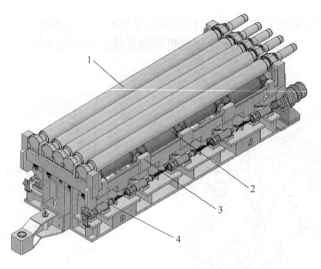

图 7 – 13　下矫直辊系统
1—下矫直辊；2—下支撑辊；3—下辊系辊盒；4—出入口辊升降机构

辊系、上支撑辊辊系、上辊盒及其附件。上支撑辊通过轴承座固定在上辊盒里，支撑辊沿矫直辊轴向分段布置。上工作辊系由弹簧通过轴承座与上辊盒相连，使上工作辊与上支撑辊表面紧密结合。上辊盒通过锁紧机构与矫直机上矫直辊弯辊系统的剖分式框架紧紧地连接在一起，并随上框架整体升降。下辊系包括下工作辊辊系、下支撑辊辊系、出口和入口下矫直辊单独升降机构、下辊盒及其附件。同样，下支撑辊通过轴承座固定在下辊盒里，支撑辊沿矫直辊轴向分段布置。下辊盒放置在机架底板的换辊轨道上。下矫直辊的入口辊和出口辊可以单独升降，便于施加不同的矫直力，其余下矫直辊固定不动。

　　矫直辊的材质对矫直钢板表面质量和换辊周期有很大的影响。选用材质是以耐磨性、传动强度及受压强度来考虑的。为了防止矫直辊缺陷的产生，矫直辊与支撑辊材质保持有一定的硬度差，如矫直辊硬度选用 52 ~ 58HRC 时，则支撑辊取 48 ~ 54HRC 左右。一般来说矫直机的换辊周期约为 40 ~ 50 万吨。

　　热矫直机的钢板温度和环境温度较高，矫直机辊系的工作辊和支撑辊轴承采用油气润滑系统润滑。为了防止热裂熔化磨损，辊子的冷却很重要，冷却形式有工作辊或支撑辊外部单独冷却或工作辊内部通水冷却。冷矫直机的矫直温度一般低于 150℃，辊系的工作辊和支撑辊轴承采用干油润滑，不设专用的冷却系统。热处理矫直机矫直温度一般在 500℃ 左右，辊系的工作辊和支撑辊轴承采用油气润滑系统润滑，通常在辊系之间吹入压缩空气进行冷却。

7.2.5　矫直机的传动

　　矫直机的矫直动力由传动电动机通过齿轮箱和传动轴传递到矫直机的矫直辊上。矫直机的传动形式基本上有三种：

　　(1) 集体传动，即传动电动机通过减速齿轮座和万向接轴将动力传递给矫直辊；

　　(2) 分组传动，即将矫直机的矫直辊分成两组（入口侧和出口侧各一组）或三组（入口侧、中间段和出口侧各一组），每一组由一台电动机传动，通过对应的减速齿轮组和万向接轴传动相应的矫直辊，而两组或三组减速齿轮组安装在同一个箱体内；

（3）单独传动，即一台电动机传动一根矫直辊。

钢板在矫直过程中会发生塑性变形，所以其长度就会发生变化，在各矫直辊处钢板的弯曲曲率半径不同，要求矫直辊的转速或速度最大相差 3% 。由于上述原因，集体传动的矫直辊之间产生了不受控制的辊间张力，这种力在各矫直辊的传动装置上引起额外扭矩负载，因此传动装置传递的扭矩比矫直工艺本身所需扭矩大。这些额外扭矩是集体传动装置的传动接轴和齿轮经常损坏的原因。虽然矫直辊在钢板上打滑可以部分避免这类损坏，但会造成钢板和矫直辊表面缺陷。

分组传动可以部分解决上述问题。虽然钢板矫直时每根矫直辊处的弯曲曲率半径不同，但其沿着矫直方向几乎是依次逐渐增大的趋势，因此可以将矫直辊传动分组，将弯曲曲率半径相近的矫直辊分成一组进行传动，这样就可以相对减小矫直辊的速度差，从而部分消除上述额外扭矩造成的设备损坏和产品缺陷。图 7 - 14 为某工厂热矫直机传动齿轮箱分组示意图。该热矫直机配置 11 根矫直辊，从入口侧依次将第 1、2、3 号矫直辊分为第一组，将第 4、5、6 号矫直辊分为第二组，将第 7、8、9、10、11 号矫直辊分为第三组，三组传动分别由一台电动机驱动，而将各传动齿轮布置在一个共用的齿轮箱中。这样既部分解决了集体传动的缺陷又减轻了设备重量。

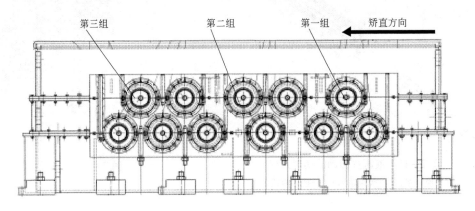

图 7 - 14　热矫直机传动齿轮箱分组示意图

采用单独传动方式可以解决上述问题。即每根矫直辊都由 1 台电动机通过独立的减速箱和万向接轴驱动，各个独立的减速箱被布置在一个共用的齿轮箱中。每根矫直辊都由各自的电动机提供所要求的矫直力矩。所有的独立传动装置都按照力矩 - 转速控制回路进行工作。这些独立控制回路集中在一个负载补偿控制装置中，它不仅控制钢板在入矫直机时的力矩过载峰值，而且保证矫直过程中负载分布均匀。独立传动装置避免了集体传动常见的缺点。另外，由于装配件少，还具有备件库存少和投资省的优点。单独传动的另一个优点是矫直机能用不同直径的矫直辊进行操作，大大减少了矫直辊的磨辊时间和费用，提高了经济效益。

7.2.6　矫直辊换辊系统

矫直机工作一定时间后工作辊和支撑辊表面由于钢板的作用将会产生磨损等缺陷，如果继续参与矫直将会造成钢板的表面缺陷，此时就需要将在线的矫直辊系从矫直机中拉出更换新的矫直辊系。矫直辊采用集体更换的形式进行换辊，即将上矫直辊系和下矫直辊系同时更换。换辊装置由换辊架、传动轴锁紧机构和传动装置组成。换辊架位于矫直机的操作侧，主体为钢结构件，矫直辊换辊轨道固定在主体钢结构件上。换辊传动有两种形式：液压缸和电动机。液压缸传动的换辊系统如图 7 – 15 所示。传动轴锁紧机构（图 7 – 16）位于矫直机传动侧，固定安装在矫直机机架上，由液压缸和电机传动，用于换辊时将传动轴锁紧在一个固定的位置，便于辊系推入矫直机时传动轴端的花键套与矫直辊花键头的对中。换辊时首先将换辊垫板放置在上下矫直辊轴承座之间，保证不同直径的上下矫直辊的中心距固定不变；然后利用压下液压缸将上辊盒放在下辊盒上并松开锁紧机构使上辊盒与矫直机框架分离；再手动调节传动轴锁紧机构，将矫直机传动轴定位；接着断开所有的管线；最后将上下矫直辊系从矫直机中拉出。将新矫直辊系推入矫直机的过程同上相反进行即可。

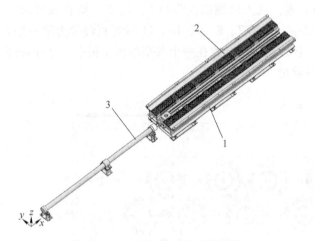

图 7 – 15　液压缸传动的换辊系统
1—换辊架；2—换辊轨道；3—换辊液压缸

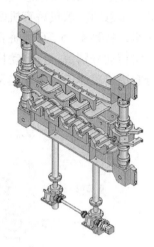

图 7 – 16　传动轴锁紧机构

7.3　矫直原理

7.3.1　变形的概念

当某一物体受到外力作用以后，其形状或多或少要发生一些变化，这种情况就叫变形。变形按其实质来说有两种：一种叫弹性变形；一种叫塑性变形。所谓弹性变形就是当外力消失后，物体能自动地恢复原有的形状和尺寸的变形。所谓塑性变形就是当外力消失后，变形物体不能恢复原有的形状而保持变形后的形状的变形。

钢铁材料的应力 – 应变曲线如图 7 – 17 所示。OA 段、O_1B 段为弹性变形，超过材料屈服点后的变形属于塑性变形。塑性变形时，材料的加载与卸载（弹复）过程是不同

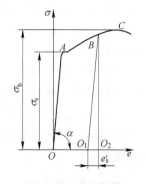

图 7 – 17　钢铁材料的
应力 – 应变曲线

的。第一次加载时，应力与应变沿 OAB 曲线变化，并在 A 点超过屈服极限。当拉伸到 B 点而卸载（弹复）时，应力、应变将沿直线 BO_1 变化，最终产生残余变形 OO_1。重复加载时，将沿 O_1BC 线变化。

显然，要把弯曲的钢材弄直，就必须使钢材发生变形，钢材在矫直过程中的变形，既有弹性变形又有塑性变形，二者同时存在。

当钢材进入矫直机时，矫直辊给予钢材一定的压力，上排辊的压力和下排辊的压力方向相反，因而使钢材产生反复的弯曲，然后逐渐地平直。钢材出矫直机后，即取消了压力，被矫的钢材由弯曲变为平直。所以整个矫直过程就是弹、塑性变形的过程。

7.3.2 弹塑性弯曲的基本概念

如果有一原始曲率为 $\dfrac{1}{r_0}$ 的单向弯曲轧件，要使其矫直，应该将此轧件往原始弯曲的反方向弯曲到曲率 $\dfrac{1}{\rho_0}$（见图 7-18），如果 $\dfrac{1}{\rho_0}$ 选取适当，当除去外载荷后，反弯的曲率 $\dfrac{1}{\rho_0}$ 经弹复，轧件有可能变直。

可见，轧件从弯曲到矫直，说明轧件必然产生塑性变形；而从一定的反向弯曲，卸载后回复到平直状态，这又说明轧件的弹复部分产生弹性变形。

因此，在压力和辊式矫直机矫直过程中，轧件产生弹塑性变形。

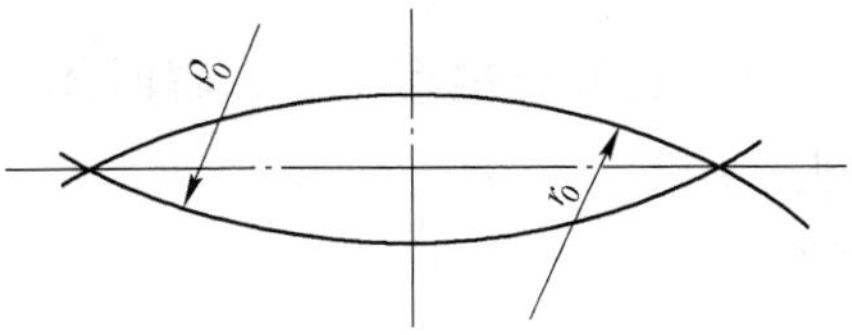

图 7-18 矫直原理示意图

轧件变形程度的大小一般用曲率来说明，所以轧件在被矫直前、后弯曲情况的变化，可以用以下几个曲率表示。

(1) 原始曲率 $\dfrac{1}{r_0}$（见图 7-19）。轧件在矫直前所具有的曲率称为原始曲率，以 $\dfrac{1}{r_0}$ 表示，其中 r_0 是轧件的原始曲率半径。矫直前的轧件有的向上凸弯，有的向下凹弯，而有的没有弯曲（平直的）。为了讨论方便，以 $+\dfrac{1}{r_0}$ 表示向上凸，以 $-\dfrac{1}{r_0}$ 表示向下凹，而 $\dfrac{1}{r_0}=0$ 时，表示轧件平直。当轧件具有最小原始曲率半径 $r_{0\min}$ 时，其原始曲率为最大。所以轧件的原始曲率是在 $\left(0 \sim \pm\dfrac{1}{r_{0\min}}\right)$ 范围内变化。

(2) 反弯曲率 $\dfrac{1}{\rho_0}$。将具有原始曲率为 $\dfrac{1}{\rho_0}$ 的轧件反向弯曲后轧件所具有的曲率称为反弯曲率，以 $\dfrac{1}{\rho_0}$ 表示（见图 7-19）。

(3) 残余曲率 $\dfrac{1}{r_i}$。当除去外载荷，轧件经过弹性恢复后所具有的曲率称为残余曲率。图 7-18 所示轧件被矫直，则残余曲率 $\dfrac{1}{r_i}=0$。如果反弯曲率选择不当，则可能导致轧件未被矫直（见图

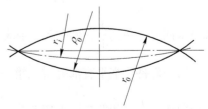

图 7-19 弹塑性弯曲时的曲率变化

7 – 19），这时轧件所具有的曲率称为残余曲率，以$\frac{1}{r_i}$表示。

（4）弹复曲率$\frac{1}{\rho_y}$。在弹性恢复阶段，轧件得到弹性恢复的曲率称为弹复曲率，以$\frac{1}{\rho_y}$表示。它是反弯曲率与残余曲率的代数差，即：

$$\frac{1}{\rho_y} = \frac{1}{\rho_0} - \frac{1}{r_i}$$

7.3.3　辊式矫直机的矫直过程

如果轧件只有单向弯曲并且原始曲率$\frac{1}{r_0}$严格不变，那么轧件只要用三辊矫直机就能矫直，但实际上轧件的各个断面弯曲情况都不同，有上凸也有下凹，并且原始曲率数值也不可能严格为一常数，因此轧件不可能只在三个矫直辊间得到矫直。为了保证矫直质量，必须增加矫直辊的数量。辊式矫直机一般至少要 5 个矫直辊。

图 7 – 20 表示了原始曲率为 0 ~ $\pm\frac{1}{r_0}$的轧件在辊式矫直机上的矫直过程。

（1）轧件通过第一、二辊时无变形，因此离开第二辊的原始曲率不变，仍为 0 ~ $\pm\frac{1}{r_0}$。

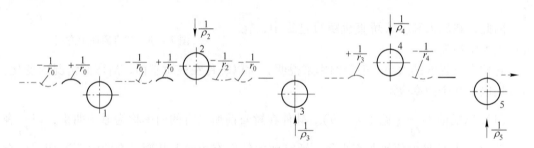

图 7 – 20　辊式矫直机的矫直过程

（2）轧件进入第三辊的原始曲率为 0 ~ $\pm\frac{1}{r_0}$，对于 $+\frac{1}{r_0}$（上凸部分）第一次受到弯曲，被反向弯曲到$\frac{1}{\rho_2}$，反弯曲率$\frac{1}{\rho_2}$的数值是根据使上凸的$\frac{1}{r_0}$弯曲部分得到矫直的原则选择的，所以经过第三辊后，$+\frac{1}{r_0}$弯曲部分被矫直，即曲率由 $+\frac{1}{r_0}$变为零。

对于 $-\frac{1}{r_0}$（下凹部分），它受到同向弯曲，弯曲变形很小，只有弹性变形，所以 $-\frac{1}{r_0}$部分被同向弯曲到$\frac{1}{\rho_2}$，卸载后又弹复到原始曲率 $-\frac{1}{r_0}$。

对于轧件原来平直部分进入第三辊后，也被弯曲到$\frac{1}{\rho_2}$，当离开第三辊卸载弹复后产生残余曲率 $-\frac{1}{r_2}$，如图 7 – 21 所示。

（3）轧件进入第四辊的原始曲率为 $0 \sim -\frac{1}{r_0}$。对于 $-\frac{1}{r_0}$ 部分，被二、三、四辊反弯到曲率 $\frac{1}{\rho_3}$，反弯曲率 $\frac{1}{\rho_3}$ 是根据 $-\frac{1}{r_0}$ 的弯曲部分得到矫直的原则选择的，它在数值上与第一、二、三辊的反弯曲率 $\frac{1}{\rho_2}$ 相等，而方向则

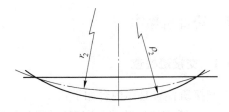

图 7－21　平直部分经第三辊后的残余曲率

相反。所以经第四辊后，$-\frac{1}{r_0}$ 弯曲部分被矫直，曲率由 $-\frac{1}{r_0}$ 变为零。

但轧件通过第三辊已被矫直的部分（曲率变为零的部分），进入第四辊时，也被弯曲到 $\frac{1}{\rho_3}$，当离开第四辊卸载弹复后产生残余曲率 $+\frac{1}{r_3}$。因此，经第四辊后的残余曲率，即为进入第五辊的原始曲率。

（4）轧件进入第五辊的原始曲率为 $0 \sim +\frac{1}{r_3}$，第三、四、五辊的反弯曲率 $\frac{1}{\rho_4}$ 是根据矫直 $+\frac{1}{r_3}$ 的原则选择的，故经第五辊后原始曲率 $+\frac{1}{r_3}$ 弯曲部分被矫直。而原始曲率为零的部分，又被反弯到 $\frac{1}{\rho_4}$。卸载弹复后则产生残余曲率 $-\frac{1}{r_4}$。

由上述矫直过程可得出以下结论：

（1）在辊式矫直机矫直轧件时，轧件经各辊后的残余曲率是逐渐减小的。欲在辊式矫直机上得到绝对平直的轧件是不可能的，它只是将轧件的残余曲率逐渐减小，直至趋近于零。

（2）反弯曲率是根据轧件的原始曲率而定的，由于各辊下的残余曲率逐渐减小，故各辊下的反弯曲率也逐渐减小。

7.4　矫直原理的实际应用

在辊式矫直机上，按照每个辊子使轧件产生的变形程度和最终消除残余曲率的办法，可以有多种矫直方案，最基本的有两种矫直方案。

（1）小变形矫直方案。所谓小变形矫直方案，就是每个辊子采用的压下量刚好能矫直前面相邻辊子处的最大残余弯曲，而使残余弯曲逐渐减小的矫直方案。由于轧件上的最大原始曲率难于预先确定与测量，因而，小变形矫直方案只能在某些辊式矫直机上部分地实施。这种矫直方案的主要优点是，轧件的总变形曲率较小，矫直轧件时所需的能量也少。

（2）大变形矫直方案。大变形矫直方案就是前几个辊子采用比小变形矫直方案大得多的压下量，使钢材得到足够大的弯曲，以消除其原始曲率的不均匀度，形成单值曲率，后面的辊子接着采用小变形矫直方案。

采用大变形矫正方案，可以用较少的辊子获得较好的矫正质量。但若过分增大轧件的变形程度，则会增加轧件内部的残余应力，影响产品的质量，增大矫直机的能量消耗。

7.5　矫直机操作

7.5.1　交接班检查

交接班检查具体内容如下：

（1）矫直机运转前，润滑系统运转正常，无泄漏。

（2）矫直机内外冷却水量充足。

（3）检查矫直机前后辊道、护板，如发现有凹凸不平不光滑的地方及铁皮杂物应立即采取措施，予以清除。

（4）指针盘指示数字与实际应一致。

（5）设备运转状态和转速正常，无异常杂音。

（6）矫直机前后辊道工作是否正常。

7.5.2　压下零位调整

在钢板进入矫直机之前，首先要进行压下零位调整，即把各矫直辊调到恰好与板面接触而对板面无压力的位置。使辊缝间距与轧制钢板的名义厚度尺寸相等。

7.5.3　矫直机操作要点

矫直机的操作要点如下：

（1）启动润滑系统，润滑系统信号灯亮时方可启动主机。

（2）矫直机工作辊辊身必须有足够的冷却水，防止受热变形或产生裂纹。

（3）矫直机应根据钢板厚度规格及时调整辊缝，严防矫错规格，造成事故。

（4）严禁带负荷调整压下。

（5）刮框和气焊切割的钢板不得进行矫直。

（6）不允许双张钢板或搭头钢板进入矫直机。

（7）使用其中一台矫直机时，如不能拉出停用的一台，应将上辊抬起，使辊缝间距大于钢板的最大厚度与一定的余量之和，过钢时，开动主机空过。

（8）钢板不得歪斜进入矫直机。

（9）钢板进矫直机前，如有表面异物必须清除。

（10）在逆转时，必须将控制器搬到零位稍停后，再倒车。钢板在矫直时，辊道不得反转，避免纵向划伤。

（11）正确调整导向辊，防止钢板翘头或扣头，影响下道工序正常操作。

（12）矫直机卡钢时，立即关闭外冷水，并抬起压下。矫直6~8mm钢板时，可根据钢温、波浪情况关闭外冷却水。

（13）禁止操作工单独下去处理设备事故。

（14）不允许在矫直机前后输送辊道上停放钢板。

（15）矫直机操作时，最大开口度不得超过限度，以防冒顶。

（16）矫直机一般矫3~5次，压下量、矫直道次的选定以钢板瓢曲程度、厚度、温度、钢种、参照允许压下量、灵活调整压下量和矫直道次为参考。

（17）矫直钢板时，压下量一定要给合适，防止轧件在矫直机内打滑，造成工作辊辊面黏附物引起钢板压痕。

（18）矫直机前后护板位置是否正常，发现翘起、固定不牢等情况立即通知调度处理。

（19）停车时，应将控制器放在零位，并切断电源将电锁钥匙拔下。

（20）冬季停车时，应将矫直机辊身冷却水管存水放净，防止水管冻裂。

7.5.4 矫直机压下量参考

根据轧制的钢质及轧后的板形、温度、钢板厚度和矫直机类型确定矫直机压下量。对板面浪形较严重、温度较低、厚度较薄的，应采用较大压下量。一般规定矫直中厚板的压下量范围是 1~4mm。表 7-1 为不同辊数的矫直机压下量和矫直厚度的关系。对表中的压下量在使用时，如果没有将钢板矫直压平，可适当增加 1~2mm 的压下量。

表 7-1 几种热矫直机常用压下量与钢板厚度的关系

板厚 \ 类别	压下量/mm			板厚 \ 类别	压下量/mm		
	7 辊	9 辊	11 辊		7 辊	9 辊	11 辊
6~8	8~9	4~7	2	20~25	6~7		
8~12		4~5	1~2	25~30	4~5		
12~16		3~4	0~1	30~40	3~4		
16~20		2~3		40~50	2~3		

7.5.5 异常现象的判断和处理

异常现象的判断和处理方法如下：

（1）压下量过大。由于辊式矫直机工作辊布置形式不同，使压下量过大所产生的现象及其观察、判断和处理方法也不同，图 7-22 为两种类型的辊式矫直机简图。

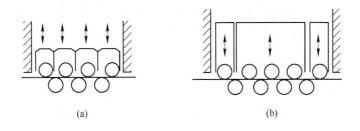

(a)   (b)

图 7-22 两种类型的辊式矫直机简图
(a) 每个上辊可单独调整；(b) 入口、出口导向辊可单独调整

1）采用图 7-22（a）类型的矫直机矫直钢板，当钢板的端部产生向下弯曲现象时，说明矫直机的压下量过大。

2）采用图 7-22（b）类型的矫直机矫直钢板，当压下量过大时，会产生两种现象。一种是钢板的端部向上翘；另一种是钢板的端部向下弯曲。产生第一种现象的原因是矫直机的导向辊抬得过高；第二种现象是由于导向辊过低。对发生上述现象的处理方法是迅速抬起上工作辊，重新调整压下量直至钢板平直为止。

（2）矫直辊两端间距不均。当钢板经矫直机反复矫直后，出现一侧出现波浪（不属于轧制时造成）的现象，这说明矫直机两端间距不均。对这种现象的处理方法是，将一块干直的钢板输入矫直机内，然后用塞尺测量两侧的辊缝间距，根据测量结果调整一侧辊缝间距，使两端一致。

（3）矫直机辊压合。这种事故的现象是：矫直机工作辊和压下指针不转动，钢板夹在矫直机内不能移动。

事故发生原因：多数为钢板进入矫直机时调整压下量及多张钢板同时矫直，由于压下量过大所致。另一种原因是矫直温度低、强度大、钢板瓢曲严重。

处理方法：用工具盘动压下电机对轮，使上矫直辊抬起，当稍用力对轮就能转动时，人员撤离，启动压下电机使上矫直辊继续抬高（若压下电机烧坏，需立即更换电机，切不可换完电机立即启动，以免再烧），至矫直辊与钢板之间有间距时，将钢板输出。然后检查设备是否正常，无异常时可继续生产。

7.6　矫直的缺陷及防止

矫直的缺陷及防止方法如下：

（1）矫直浪形。

主要特征：沿钢板长度方向，在整个宽度范围内呈现规则性起伏的小浪形。

产生原因：钢板矫直温度过高，矫直辊压下量调整不当等因素造成。

处理方法：返回重矫或改尺。

预防措施：严格控制矫直温度，正确调整矫直压下量。

（2）矫直辊压印。

主要特征：在钢板表面上有周期性"指甲状"压痕，其周期为矫直辊周长。

产生原因：由于矫直辊冷却不良，辊面温度过高，使矫直辊辊面软化，在喂冷钢板时，钢板端部将矫直辊辊面撞出"指甲状"伤痕，反印在钢板表面上。

处理方法：对辊面有伤痕的部位进行修磨，钢板压印用砂轮打磨可处理掉。

预防措施：不喂冷钢板，并保证辊身有足够的冷却水，加强辊面维护。

7.7　某矫直机仿真实训系统操作

从登录系统界面登录，进入主界面后，可以看到矫直机主操作画面，如图7-23所示，画面实现钢板矫直的必要控制，包括出入口辊缝值设定及微调以及辊道和矫直辊的动作。

操作流程说明如下：打开程序直接进入主画面，如果有需要矫直的钢板，则界面批次信息会显示钢板的批次号、块号、规格、温度信息。如果没有需要矫直的钢板则批次信息中规格为空。根据钢板的规格，调整入口侧和出口侧的辊缝值。辊缝值调整好后，点击机前辊道 前进 按钮，将钢板送到矫直机旁，然后点击按钮 矫直辊转动 ，使矫直辊转动，同时点击机后辊道 前进 按钮，完成本钢板的矫直。完成一块钢板的矫直后，辊道会恢复到停止状态。如果还有钢板需要矫直，则可以继续矫直。

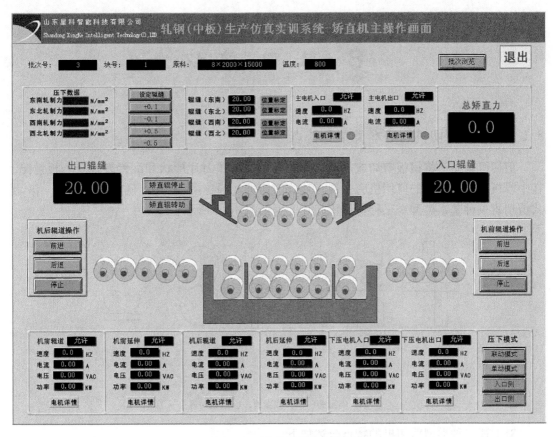

图 7 – 23 矫直机主操作画面

复习思考题

7 – 1 有哪些原因会造成钢板起浪或瓢曲?

7 – 2 辊式矫直机的结构由哪几部分组成?

7 – 3 辊式矫直机的调整机构包括哪些?

7 – 4 辊式矫直机的弯辊系统是如何工作的?

7 – 5 弹塑性弯曲的基本概念有哪些?

7 – 6 矫直原理在现场是如何应用的?

7 – 7 矫直缺陷产生的原因、特征、处理方法和预防措施是什么?

8 轧件剪切

8.1 中厚板剪切机的基本类型和特点

剪切机是用于将钢板剪切成规定尺寸的设备。按照刀片形状和配置方式及钢板情况，在中厚板生产中常用的剪切机有：斜刀片式剪切机（通称铡刀剪）、圆盘式剪切机、滚切式剪切机三种基本类型。三种剪切机刀片配置如图8-1所示。

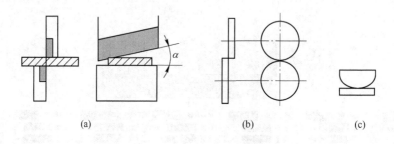

图 8-1　剪切机刀片配置图

（a）斜刃剪；（b）圆盘剪；（c）滚切剪

对上述三种类型剪切机的特点分述如下。

（1）斜刀片剪切机。这种剪切机的两个剪刃按某一角度配置，即其中一个剪刃相对于另一个剪刃是倾斜配置的。在生产中多数上刀片是倾斜的，其倾斜角度一般为1°~6°，如图8-1（a）所示。其特点如下：

1）适应性强。对钢板温度适应性强，既适用于热状态也适用于冷状态钢板的剪切；对钢板厚度适应性强，40mm以下的钢板均能剪切。

2）剪切力比平行刃相对减小，能耗低。

3）斜刀片剪切机的缺点：一是剪切时斜刃与钢板之间有相对滑动，倾斜角的大小对剪切质量也有影响；二是由于间断剪切，空程时间长，剪切速度慢，产量低。

（2）圆盘式剪切机。圆盘式剪切机的两个刀片均是圆盘状的，如图8-1（b）所示。这种剪切机常用来剪切钢板的侧边，也可用于钢板纵向剖分成窄条。圆盘剪一般均要配有碎边机构。其特点如下：

1）一般剪切厚度限于25mm以内。

2）可连续纵向滚动剪切，速度快，产量高，质量好，对带钢的纵边剪切更能显示出它的优越性。

3）对于小批量生产，规格品种多，钢板宽度变换频繁，则需要频繁调整其两侧边剪刃间的距离。

（3）滚切式剪切机。滚切式剪切机是在斜刃铡刀剪的基础上，将上剪刃做成圆弧形，如图8-1（c）所示。上剪床在两根曲轴带动下，使上剪刃由一端开始向另一端逐渐接触，呈弧形的上刀刃相对于平直的下刀刃做滚动（见图8-2）。由于剪切运动是滚动形式的，与上刀刃倾斜的剪切形式相比剪切质量大为提高。其边部整齐，加工硬化现象也不严重，降低了剪切阻力，刀刃重叠量很小（超出下刀刃1~5mm），在整个刀刃宽度上重叠量是不变的，因此避免了钢板和废边的上弯现象。现在普遍用于厚板的切边、切头尾和切定尺。

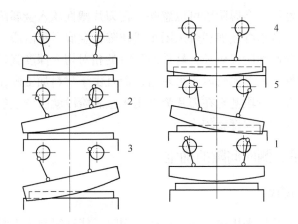

图8-2 滚切式剪切机剪切过程示意图
1—起始位置；2—剪切开始；3—左端相切；
4—中部相切；5—右端相切

8.2 轧件剪切过程分析

轧件的整个剪切过程粗略可分为两个阶段，即刀片压入金属与金属滑移。压入阶段作用在轧件上的力如图8-3所示。当刀片压入金属时，上下刀片对轧件的作用力 P 组成力矩 Pa，此力矩使轧件沿图示方向转动，而上下刀片侧面对轧件的作用力 T 组成的力矩 Tc 将力图阻止轧件的转动，随着刀片的逐渐压入，轧件转动角度不断增大，当转过一个角度 γ 后便停止转动，此时两个力矩平衡。

轧件停止转动后，刀片压入达到一定深度时，力 P 克服了剪切面上金属的剪切阻力，此时，剪切过程由压入阶段过渡到滑移阶段，金属沿剪切面开始滑移，直到剪断为止。

压入深度越大，γ 就越大，侧向推力 T 越大，为了提高剪切质量，减小 γ 角，一般在剪切机上均装设

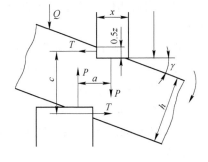

图8-3 平行刀片剪切机剪切
时作用在轧件上的力

有压板装置，把轧件压在下刀台上，图8-3中的力 Q，即表示压板给轧件的力。有关文献给出了 γ 和侧向推力 T 的经验数据。

无压板剪切时　　$\gamma = 10° \sim 20°$，$T \approx (0.18 \sim 0.35)P$
有压板剪切时　　$\gamma = 5° \sim 10°$，$T \approx (0.1 \sim 0.18)P$

从上面列出的数值看出，增加压板后不仅提高了剪切质量，使剪切断面平直，而且大大减小了侧向推力 T，从而减小了滑板的磨损，减轻了设备的维修工作量，提高了设备的作业率。

近年来对平行刀片剪切机的研究表明，剪切过程可更详细地分为以下几个阶段：刀片弹性压入金属、刀片塑性压入金属、金属滑移、金属裂纹萌生和扩展、金属裂纹失稳扩展和断裂。

热剪时，刀片弹性压入金属阶段可以忽略。在刀片塑性压入金属阶段，刀片和轧件接触面处产生宽展现象，常给继续剪切带来困难或缺陷，金属滑移阶段开始后，宽展现象才停止。由于热剪时金属滑移阶段较长，轧件断裂时的相对切入深度就较大。

冷剪时，刀片弹性压入金属阶段不可忽略，而且由于材料加工硬化，金属裂纹萌生较早，在刀片塑性压入金属阶段甚至在刀片弹性压入金属阶段就已产生裂纹，故金属滑移阶段较短，断裂时的相对切入深度就较小。

8.3　剪切机重合量、侧向间隙的确定

8.3.1　合理间隙值的确定

所谓合理间隙，就是指采用这一间隙进行剪切时，能够得到令人满意的剪切件的断面质量，较高的尺寸精度和较小的剪切力，并使剪刀有较长的使用寿命。然而，从间隙对剪切的影响规律可以看出，如果采用一个间隙同时满足上述各项要求是不可能的。因此，在生产上根据剪切的具体要求，区分主次，在满足主要因素的前提下，兼顾次要因素，选择一个适当的间隙范围作为合理间隙，其上限为最大合理间隙，其下限为最小间隙。合理间隙是一个范围值，在具体剪切时，根据生产中的具体要求可按下列原则进行选取。

（1）当剪切件尺寸精度要求不高，或对断面质量无特殊要求时，为了提高剪刀使用寿命和减小剪切力，从而获得较大的经济效益，一般采用较大的间隙值。

（2）当剪切件尺寸精度要求较高，或对断面质量有较高要求时，应选择较小的间隙值。

确定合理间隙的方法通常有理论分析法、经验确定法及查表法。

（1）理论分析法。理论分析法的主要依据是使轧件在上、下剪刀处产生的裂纹重合成一条直线，恰好获得良好的断面。图 8-4 所示的状态即为在剪切过程中裂纹正好重合，轧件断裂瞬间的状态。从图中几何关系可计算出合理间隙值为：

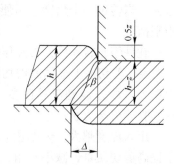

$$\Delta = (h - z)\tan\beta = h(1 - z/h)\tan\beta$$

式中　Δ——剪刀间隙，mm；

　　　h——轧件厚度，mm；

　　　z——裂纹重合时剪刀压入轧件的深度，mm；

　　z/h——裂纹重合时相对压入深度；

　　　β——微裂纹与垂线间夹角，(°)。

图 8-4　理论间隙计算图

由公式可以看出，合理间隙值主要与 h、$h-z$、$\tan\beta$ 三个因素有关，由于 β 角数值不

大，所以间隙值主要取决于前两个因素的影响。

材料厚度 h 增大，间隙数值也成正比例增大，反之则相反。

相对压入厚度 z/h 与材料性能有关，塑性好的材料 z 值较大，故间隙可较小。塑性差的硬、脆材料 z 值小，间隙应较大。z/h 与 β 数值见表 8 - 1 ~ 表 8 - 3。或者按以下公式计算

$$z/h = (1.2 \sim 1.6)\delta_5$$

式中　δ_5——钢板的延伸率。

由于理论计算方法在生产中使用不方便，故目前广泛使用的是经验公式与图表。

表 8 - 1　z/h 与 β 取值

轧　件	z/h		$\beta/$ (°)	
	退　火	硬　化	退　火	硬　化
软　钢	0.5	0.35	6	5
中硬钢	0.3	0.2	5	4
硬　钢	0.2	0.1	4	4

表 8 - 2　热剪各种钢的 z/h 值

钢　种	温度/℃	z/h	钢　种	温度/℃	z/h
20	650	0.65	轴承钢	670	0.45
	760	0.72		780	0.65
	970	1.0		1090	1.0
钢丝绳钢	660	0.55	弹簧钢	700	0.5
	760	0.65		860	0.8
	980	1.0		1020	1.0

表 8 - 3　冷剪各种钢的 z/h 值

钢　种	z/h	钢　种	z/h	钢　种	z/h
15	0.41	弹簧钢	0.16	轴承钢	0.33
20	0.35	钢丝绳钢	0.23	不锈钢	0.40

（2）经验确定法。当 $h < 3$mm，对软钢、纯铁，$\Delta = (3 \sim 5)\% h$；对硬钢，$\Delta = (4 \sim 6)\% h$。

当 $h > 3$mm，对软钢、纯铁，$\Delta = (7 \sim 10)\% h$；对硬钢，$\Delta = (8 \sim 13)\% h$。

（3）查表法。查表法是工厂生产时普遍采用的方法之一，表 8 - 4 是一个经验数据表。

表中 I 类适用于断面质量要求较高的，但使用此间隙时，剪切力较大，剪刃寿命较低。II 类适用于一般断面质量的，III 类适用于断面质量要求不高的，但剪刃寿命较高。

由于各类间隙值之间没有绝对的界限，因此，还必须根据实际情况酌情增减间隙值。

表 8 - 4　剪刃间隙分类及间隙值 Δ

轧件	分类/%h		
	Ⅰ	Ⅱ	Ⅲ
低碳钢 08F，10F，Q235，10，20	(3~7)	(7~10)	(10~13)
中碳钢 45，1Cr18Ni9Ti，4Cr13	(3.5~8)	(8~11)	(11~15)
高碳钢 T8A，T10A，65Mn	(8~12)	(12~15)	(15~18)
硅钢 D41	(2.5~5)	(5~9)	

8.3.2　重合量的确定

以圆盘剪为例，刀片重合量 S 一般根据被剪切钢板厚度来选取。图 8 - 5 为某厂采用的刀片重合量 S 与钢板厚度 h 的关系曲线。由图可见，随着钢板厚度的增加，重合量 S 减小。当被剪切钢板厚度大于 5mm 时，重合量 S 为负值，一般 S 可按下式计算：

$$S = -(h-5) \times (40\% \sim 50\%)$$

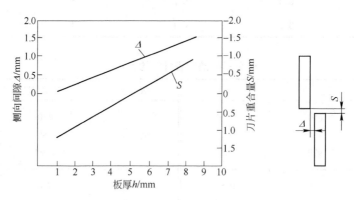

图 8 - 5　圆盘刀片重合量 S 和侧向间隙 Δ 与被切钢板厚度 h 的关系曲线

8.4　剪切作业评价

8.4.1　剪切断面的各部分名称

剪切断面的各部分名称如图 8 - 6 所示。各部分的说明如下：

（1）塌肩。在刀刃压入时，在刃口附近区域被压缩而产生塑性变形部分，称为塌肩。这样，金属材料的边缘部分由原来的平面状态变成塌肩状。这个塌陷的程度当然越小越好。除了特别硬的材料外，在剪切过程中，多少总要出现一些。若希望减小塌肩部分，在不考虑刀刃质量的情况下，将间隙调整小些就行了。

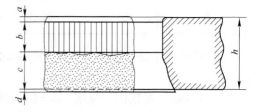

图 8 - 6　剪切断面示意图

a—塌肩；b—剪断面；c—破断面；
d—毛刺；h—板材厚度

（2）剪断面。剪断面是一边受到刀刃侧面的强压切入，一边进行相对滑动的部分。

这部分特点是断面十分整齐光亮，故也称之为光亮面。当然，光亮面要多些，切口状态就显得美观，但所消耗的能量也大。而剪断面的量的大小和刀刃间隙的大小成反比例关系。也就是，间隙变大，光亮的剪断面变小；反之则光亮面变大。

（3）破断面。破断面是产生裂纹而断开的部分，剪断面与破断面的量成反比例，剪断面增大了，则破断面减少。

（4）毛刺。由于金属材料具有一定的塑性，在剪切断面上沿刀刃作用力的方向，带出部分金属，填充于两刀刃的间隙之中，这些完全异于原体形态的部分，称为毛刺。因为刀刃之间总是有间隙的，故产生微小的毛刺是避免不了的。间隙越大，毛刺也越大。刀刃变钝，毛刺也随之增加。当间隙达到一定值后，毛刺使断面的直角度达不到要求，也会成为产品所不能允许的缺陷。

8.4.2 剪切评价

人们通常说的剪刀调整，就是指水平间隙和重合量的设定值的改变。对于剪切作业来说，这方面调整是整个剪切作业的关键，它决定剪切断面是否良好以及剪切用力是否最小。

这里必须说明一点的是，不仅对于不同设备就是同一制造厂生产的相同剪切设备，各个剪切设备设定值都不会一样。要从实际生产中总结出来。方法是：在特定的条件下，通过适当调整得到最佳剪切断面，这时的剪刃间隙调整值是最佳的，可作为以后实际生产中初步设定时采用的可靠参考值。我们可通过观察剪切断面的质量来判断剪刃间隙调整是否合适。

（1）剪刃间隙调整是合适的。如图8-7（a）所示，裂纹正好对上，塌肩和毛刺都很小，剪断面约占整个断面的15%~35%左右（具体数值与轧件塑性有关），其余为暗灰色的破断面，很明显地表示出正确的剪切状态。这时，应及时记下各项调整后的数值。

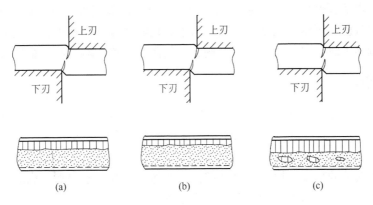

图8-7 间隙与断面的关系
（a）间隙合适；（b）间隙偏大；（c）间隙偏小

（2）剪刃间隙调整偏大时。如图8-7（b）所示，裂纹无法合上，钢板中心部分被强行拉断，剪切面十分粗糙，毛刺、塌肩都十分严重。

（3）剪刃间隙调整偏小时。如图8-7（c）所示，裂纹的走向略有差异，使部分断面再次受剪刃侧面的强压入，即进行了二次剪断。因此，当破断面上出现碎块状的二次剪断面时，就可以认为间隙偏小了。这种情况下，应把间隙朝大的方向调整一下，使二次剪断面消失。

剪切前剪刃间隙的调整是一项很细致的工作，要在实际工作中不断总结经验。

当经过反复调整，剪刃间隙达到最小限度，还不能得到满意的剪切断面时，就应该考虑更换剪刃，否则，无法保证产品质量和设备安全。

8.5　火焰切割

由于用剪切机来剪切厚度超过 50mm 的钢板是不经济的，因此超过 50mm 的钢板都用火焰切割器来剪切和定尺。

火焰切割，也叫氧气切割。中厚板厂的火焰切割机主要有移动式自动火焰切割机和固定式自动火焰切割机，其基本装置是氧气切割器，以及安装切割器的电动小车。在国外，已使用等离子切割新技术切割中厚板，其优点是切割速度快、切割引起的变形小、质量好。

影响火焰切割的因素有割嘴大小及形状、使用气体种类、纯度及压力、切割钢板材质与厚度及表面状况、切割速度、预热焰的强度、切割钢板的温度、割嘴与钢板间的距离、割嘴的角度等。

切割工艺大体如下：

（1）应根据切割钢板的厚度安装适当孔径的割嘴。

（2）将氧气和燃气压力调至规定值。

（3）然后用切割点火器点燃预热焰，接着慢慢打开预热氧气阀，调节火焰白心长度，使火焰成中性焰，预热起割点。

（4）在切割起点上只用预热焰加热，割嘴垂直于钢板表面，火焰白心尖端距钢板表面 1.5 ~ 2.5mm。

（5）当起点达到燃烧温度（暗红色）时，打开切割氧气阀，瞬间就可进行切割。

（6）在确认已割至钢板的下表面后，就沿着切割线以适当速度移动割嘴而进行切割。

（7）切割终了时，先关闭切割氧气阀，再关闭预热焰的氧气阀，最后关闭燃气阀。

8.6　剪切划线

为了将毛边钢板剪切或切割成合格的最大矩形，在剪切之前，应在钢板上先划好线，然后再按线剪切。这样做对提高产品质量和成材率都是十分必要的。

划线时应注意以下几点：

（1）对有缺陷的部位、厚度不合格部位，要尽量让开，不得划入成品尺寸范围。

（2）正常情况下，两侧边的划线宽度应基本一致。

（3）要考虑温度的收缩量。

（4）划线应依钢板形状而调整，力求获得最高成材率。

划线有人工划线、小车划线和光标投射等多种方法。小车划线是利用架设在辊道上的有轨小车，在已摆正的钢板上，根据板形和钢板的宽度，用简易机械手划出纵横粉线。光标投射是利用光标投射装置（如激光发生器）将光线投射到钢板上"划出"两道"线"，再利用对线机移动钢板使其对线。

对于磁性钢板，用固定在对线机上的电磁铁进行对线，有钢板上表面吸附型和下表面吸附型两种，依靠丝杠、螺母、链条驱动等来进行移动。对于非磁性钢板，用拨爪或虎口推床，使钢板在辊道上横向移动。

8.7　某圆盘剪剪切线操作

某圆盘剪剪切线采用热剪 + 圆盘剪 + 定尺剪的组合。热剪为上滚切式，最大剪切力35t，用于将钢板头部不规则部分切掉，以防顶撞其他设备；当钢板板形不好时，为便于圆盘剪剪切出合乎规定的宽度尺寸，按长度定尺要求将钢板断开。圆盘剪刀片直径 746 ~ 800mm，最厚可剪 25mm 的低碳钢板。定尺剪亦为上滚切式，最大剪切力 290t，最厚可剪28mm 的低碳钢板。

8.7.1　热剪操作

8.7.1.1　开车前检查项目

开车前的检查项目如下：
（1）设备运转情况是否良好。
（2）板头是否卡链板机。
（3）剪床起落是否适当，剪刀间隙是否适当，剪刃螺丝是否松动。
（4）各部位润滑情况是否良好，是否漏油。
（5）各联锁装置是否安全可靠，极限调整是否合适，主电机抱闸工作是否灵活可靠，剪子上下和前后辊道上是否有检修人员，确认无问题方可开车。

8.7.1.2　操作步骤

具体操作步骤如下：
（1）检查完开车前，先启动链板机、液压泵、润滑泵。
（2）剪刀表面应保持清洁无杂物，剪切时要防止工具等杂物进入剪刃内。
（3）严禁用钢板撞压紧装置和上剪床，严禁一次剪切两张以上钢板，钢板停稳方可剪切。
（4）剪切过程中，不准开动剪前辊道。
（5）发生故障时，必须立即停车，与有关人员联系处理，不得擅自动电气和机械设备。
（6）剪切时，只能将头部不规整部分切掉，板形不好时，按定尺要求断开。
（7）发现剪刀磨损严重或出现崩裂时，应立即把剪刀更换或翻面。

8.7.1.3　换剪刃操作要点

换上剪刀时，卸下剪床上的紧固螺丝，剪刀和刀具组落在专用换剪刀的钢板上，然后移出钢板，更换下剪刀时，先把螺丝卸下，用液压缸将下剪刀顶起，然后落在专用换剪刀的钢板上，移出钢板。换剪刀时，要注意做到：
（1）新换剪刀是否符合图纸要求。

（2）垫片要平直，垫片长度必须和剪刃长度一致。

（3）剪刃要擦干净，并且要涂油。

（4）换完剪刃试车前，上剪床只准手动盘车，慢速下降，防止损坏设备。

（5）剪刃间隙调好后，方可剪切钢板。

（6）开车前，应消除剪床上面的全部工具及杂物。

8.7.2　圆盘剪、碎边剪操作

8.7.2.1　技术条件摘要与要求

（1）钢板宽度允许偏差应符合 GB/T 709 规定或其他专用钢板标准规定，GB/T 709—2006 对宽度偏差的规定见表 8 - 5。

表 8 - 5　宽度偏差的规定

公称厚度/mm	钢板宽度/mm	宽度允许偏差/mm
3 ~ 16	≤1500	+10 0
	>1500	+15 0
>16	≤2000	+20 0
	>1500 ~ 3000	+25 0
	>3000	+30 0

（2）剪切后钢板侧面必须平直，不得弯曲，剪切断面不得有锯齿形撕裂掉肉等剪切缺陷。否则应立即调整剪刃间隙。剪刃间隙调小时，允许出现轻微贴肉现象。

（3）钢板剪切后应成直角，切斜和镰刀弯不得使钢板长度和宽度小于公称尺寸，并必须保证订货公称尺寸的最小矩形。

（4）剪切钢板温度：低合金小于 150℃，普碳板应小于 300℃，禁止蓝脆剪切。

8.7.2.2　检查与调整

检查与调整的内容如下：

（1）接班后应检查圆盘剪、碎边剪的干油泵、稀油泵，全部信号正常时方可开车。

（2）检查压送小车、链板机、皮带机、横移装置是否正常，夹持箱、导板、溜槽各盖板是否良好。

（3）检查调整圆盘剪、碎边剪、剖分剪剪刃间隙。

（4）当发现剪出的钢板出现镰刀弯时，应及时调整剪后两侧的导向立辊，使外公切线与剪切线平行，两条外公切线之间宽度比剪切后钢板宽度大 1 ~ 2mm。

（5）新换的两对圆盘剪刃的直径大小要一致，碎边剪剪刃的线速度应比圆盘剪刃的线速度大 5% ~ 8%，以防止出现卡钢事故。

（6）发现剪刃崩裂、磨钝影响钢板剪切质量时，应立即将剪刃翻面或更换，若剪刃上有粘接物时应清除。正常情况下，每剪切钢板 3000t 左右更换一次剪刃或随换辊周期更换剪刃。

8.7.2.3 操作要求

具体操作如下：

（1）宽度为 10mm 倍数的任何尺寸，按生产计划剪切钢板宽度，若发现钢板与计划要求不符合或板形不好，钢板宽或窄时，及时通知轧机和调度。

（2）根据钢板的实际厚度调整圆盘剪、碎边剪剪刃间隙，必须保证两侧间隙大小相等。

（3）当需要调整钢板剪切宽度时，在开动移动机架前先将圆盘剪、碎边剪锁紧打开。

（4）根据钢板厚度，选择圆盘剪剪切速度。

（5）根据圆盘剪的剪切速度，调整碎边剪的速度，且保证两侧碎边剪速度相同。

（6）剪切时要把肉眼可见的边部各种缺陷剪净，一次剪不净时，必须回剪，直至剪净为止。在退回钢板时，将机身打开至适当位置，以使钢板顺利退回，局部侧边未剪净，可先在定尺剪断开，未净部分退回圆盘剪回剪。

（7）侧边的剪切量以 55 ~ 65mm 为宜，最大不得超过 100mm，在保证缺陷剪净的情况下，在标准范围和生产计划要求的范围内尽量少切。

（8）当发现剪前挡板磨损严重或挡板厚度不合适时，应及时更换。

（9）认真对线，摆正钢板位置，原则上保证两侧所剪的板边宽度基本相等。向圆盘剪输送钢板时，压送小车的压头必须压住钢板尾部，以防钢板左右窜动，快到小车极限时，及时抬起，防止小车压头与钢板发生滑动摩擦，影响钢板剪切质量。

（10）移动机身时，必须保证圆盘剪和碎边剪同步移动。

（11）一张钢板未剪完毕，不许无故停车，不许倒车。

（12）当钢板卡住时，应立即停车，用火焰枪切割处理，切割时应注意不要烧损剪刃和其他零件。

（13）严禁上下剪刃咬刃。

（14）接班后，用盒尺检查前三块钢板的宽度尺寸，校正标尺、钢板的宽度尺寸变化时，用盒尺检查钢板剪切尺寸。

（15）当运送不切边钢板时，应打开圆盘剪和碎边剪机身，严防钢板擦伤剪刃。

（16）一张钢板在剪切过程中，禁止使用剪前横移装置横移钢板。

（17）禁止在操作过程中移动上机身。

（18）毛边板镰刀弯大时，先到定尺剪断开，再返回圆盘剪剪边。

8.7.2.4 换圆盘剪剪刃操作要点

（1）准备：

1）首先将符合图纸要求的剪刃放好备用。

2）将圆盘剪、碎边剪的移动端机身同步移到最大行程停止。

3）将圆盘剪的剪刀间隙调大。

4）停止供电。

（2）拆剪刃：

1）用电动扳手将六条紧固螺丝松开。

2）右手旋转固定盘，使拆装小孔对准紧固螺丝。

3）取出固定盘，放好备用。

4）将三条顶丝旋入刀片的顶丝孔中，用电动扳手均匀旋入，使刀片松动，并脱离刀架，旋出三条顶丝，将一条螺丝旋入顶丝孔中，并用天车将刀片轻轻吊出。

5）指挥天车将刀片放置在剪刀架中待磨。

（3）装剪刃：

1）用棉丝将刀架与刀片的配合部分擦拭干净。

2）将待装刀片擦拭干净后，在顶丝孔中旋入一条螺丝，用天车吊住，使刀片与刀片架的配合键对正装在刀架上，注意不得将配合键槽碰伤，此时在刀片上放置一专用垫板，用锤轻轻击打垫板，使刀片装入刀架，不得直接击打刀片和固定盘。

3）将固定盘左旋，使小孔对准紧固螺丝，并旋紧紧固螺丝。

4）紧固六条螺丝时，要对称均匀紧固，直至备紧到位。

5）新安装好的剪刃需紧靠机身，不得有空隙。

6）圆盘剪上刀轴轴向调整到位不能擅自调整。

8.7.2.5　换碎边剪剪刃操作要点

换碎边剪剪刃的操作要点如下：

（1）将磨好的成套剪刃及垫片放好备用。

（2）将固定斜楔的螺丝松开。

（3）取出剪刃及垫片，然后放在固定位置待磨。

（4）将备好的成套剪刃及垫片装上，然后紧固斜楔的螺丝。

（5）根据剪切厚度，调整碎边剪剪刃间隙，保证两侧间隙一致。

8.7.3　定尺剪操作

8.7.3.1　技术条件摘要与剪切要求

（1）钢板长度允许偏差应符合 GB/T 709 的规定或其他专用钢板的技术标准规定，GB/T 709—2006 对长度偏差的规定见表 8 - 6。

表 8 - 6　钢板长度允许偏差

钢板长度/mm	长度允许偏差/mm
2000 ~ 4000	+ 20 0
>4000 ~ 6000	+ 30 0

钢板长度/mm	长度允许偏差/mm
>6000 ~ 8000	+40 0
>8000 ~ 10000	+50 0
>10000 ~ 15000	+75 0
>15000 ~ 20000	+1000 0
>20000	由供需双方协商

钢板在不同温度下的收缩量：

$$\Delta L = KL\Delta t$$

式中　K——膨胀系数，当 $t < 300℃$ 时，$K = 1.0 \times 10^{-5}$；

　　　Δt——钢板温度与室温差；

　　　L——钢板长度。

（2）切边钢板应剪切成直角，切斜和镰刀弯不得使钢板长度和宽度小于公称尺寸并须保证订货公称尺寸的最小矩形。

（3）长度为 50mm 倍数的任何尺寸，剪切前钢板应摆正，剪切钢板时，必须按照生产计划要求进行剪切，不得切斜切错。

（4）剪切后钢板断面必须平直，不得弯曲，不得有锯齿形凹凸，否则应立即调整剪刃间隙和夹紧盘螺丝。

（5）板头、板尾的剪切量以剪掉缺陷为准，在标准范围和在生产计划要求的范围内要尽量减少剪切量。

（6）剪切钢板温度低合金应小于 150℃，普碳板应小于 300℃，避免蓝脆剪切。

（7）当发现剪刀崩裂、磨钝影响钢板剪切质量时，应立即将剪刃翻面或更换。正常情况下，每剪切钢板 10000t 左右更换一次剪刃或一周更换一次。

8.7.3.2　操作要求

具体操作要求如下：

（1）开车前，首先启动油泵，使各润滑点供油正常，检查压紧装置、拨爪液压系统工作是否正常。

（2）当电动机启动后，尚未达到正常转数时，不准进行剪切。

（3）剪切前，根据钢板厚度调整剪刃间隙。

（4）上剪床起落要适当，下剪床不得松动，剪刃紧固螺丝不得有松动。

（5）剪切前钢板应靠紧挡板，剪切过程中不准启动剪前辊道。

（6）必须用压紧装置压紧钢板后才允许剪切，在剪切时，严禁用钢板撞压紧装置和上剪床，禁止一次剪切两张及两张以上的钢板。

（7）压紧装置压紧后，根据钢板温度给定放尺量后，垂直钢板划线。

（8）做到先划线，后剪切，剪切时须将激光线与石笔线对齐。

（9）激光线应严格与下剪刃重合，如发生偏斜，应通知电修工段进行调整。

（10）激光划线如长时间（超过 10min）不使用，应将旋钮置于"关"的位置，以防激光强度衰减。

（11）接班后要求测量前三张钢板的长度和对角线，使长度偏差符合 GB/T 709 或专用板标准要求。

（12）当靠尺滑板的最薄处小于厚度的 1/2，即 75mm 时，必须更换。

（13）对于厚度 h 大于 14mm 的钢板，都需用压平机压头、压尾，使不平度符合有关标准要求。

8.7.3.3 换剪刃操作要点

换剪刃的操作要点如下：

（1）首先要关闭电源，准备好剪刃及所用的全部工具，并设专人统一指挥。

（2）新剪刃必须符合图纸要求。

（3）（装）卸上剪刃时，必须先用撬杠垫好，再（装）卸中间螺丝，后（装）卸两边，卸下后配套放好。

（4）抽出下刀架及卸下剪刃后，必须用棉丝将剪刃、刀架及附件、剪床擦干净，卸下的螺丝配套放好。

（5）装配下剪刃时，下剪刃表面应低于下刀架表面 1~2mm，当剪刃高度不够时，在刀架的附件上加专用垫板调整高度，所加垫板要平直，垫板长度和剪刃长度要一致。

（6）紧固剪刃的螺栓要紧牢固，不得松动。

（7）下剪床与下刀架之间塞上适当的棉丝，防止氧化铁皮进入缝隙，保证能够顺利地调整下剪刃间隙。

（8）换完剪刃试车前，上剪床只准手动盘车慢速下降，用塞尺检查剪刃间隙大小要适当，且在长度方向上大小要一致。

（9）开车前，应清除剪床上的全部工具及杂物。

8.8 某左、右纵剪布置的中厚板剪切线仿真实训系统操作

某左、右纵剪布置的中厚板剪切线布置有两个横剪、两个纵剪，分别完成剪头、剪两边、剪尾，其中第一个纵剪没有定尺，第二个纵剪有定尺。模拟实训系统采用两个虚拟界面，两个操作界面。每个虚拟界面由一个纵剪、一个横剪组成。完成剪切一块钢板需要依次进行一纵剪、一横剪、二纵剪、二横剪。一纵剪界面和一横剪界面、二纵剪界面和二横剪界面可以相互切换。

8.8.1 1 号纵剪操作画面操作

1 号纵剪操作画面如图 8-8 所示，通过画面可以实现钢板剪一侧边的必要控制。

打开程序进入 1 号纵剪操作画面，如果有需要剪切的钢坯，则页面批次信息会显示钢坯的批次号、块号、规格、温度信息。点击输入辊道的控制按钮，将钢坯送到剪切机前

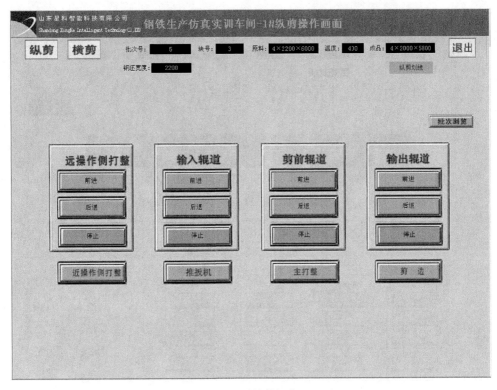

图 8-8 1号纵剪操作画面

方，点击 纵剪划线 进行划线，然后点击 近操作侧打整 ，将钢坯向剪刃方向推，使剪刃与划线对齐，依次点击剪前辊道的 前进 、剪前辊道的 停止 、剪边 按钮，重复执行将钢坯的一个侧边剪完。剪完后点击 推板机 ，推出板边，再点击 主打整 ，使钢坯靠向辊道一侧，操作输出辊道将钢坯送到1号横剪进行横剪。点击1号纵剪页面的 横剪 按钮，切换到1号横剪操作画面。

8.8.2 1号横剪操作画面操作

1号横剪操作画面如图8-9所示，通过画面可以实现钢板剪板头的必要控制。

打开1号横剪操作画面，操作剪前辊道将钢坯运至剪前停止，点击 打整 ，再点击 横剪划线 按钮，进行划线；然后点击 剪头 按钮，将钢板板头剪掉，点击 推板头 按钮将板头推下，然后控制输出辊道将钢坯送走；然后可以点击 纵剪 切换到1号纵剪画面，如果还有要剪切的钢坯则会有相应的批次信息显示，可以进行下一块钢的一侧板边的剪切。

8.8.3 2号纵剪操作画面操作

2号纵剪操作画面如图8-10所示，通过画面可以实现钢板剪一侧边的必要控制。2号纵剪的操作与1号纵剪的操作基本相同，只是2号纵剪有定尺机，可以自动或者手动设定定尺的宽度，然后进行剪边。

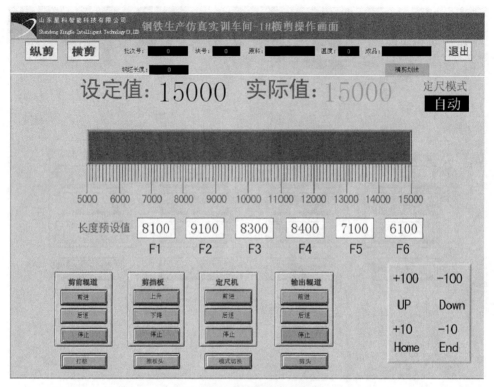

图 8-9　1 号横剪操作画面

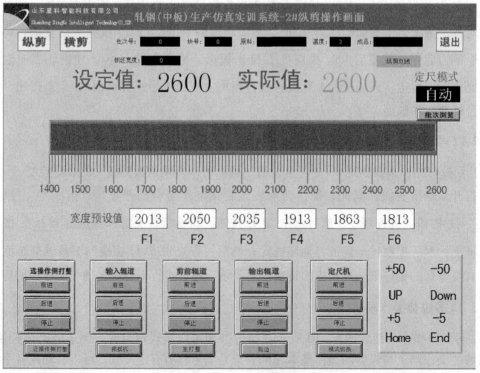

图 8-10　2 号纵剪操作画面

手动可以通过定尺机操作按钮来移动定尺机。

自动模式点击 F1~F6 上方的白色框，会弹出输入数据对话框，输入数据，点击确定可以将需要设定的宽度设定上。

点击快捷键 F1~F6 会将快捷键对应的宽度预设值设定为设定值；点击 UP（向上的箭头）设定值加 50，点击 Down（向下的箭头）设定值减 50，点击 Home 设定值加 5，点击 End 设定值减 5。

8.8.4 2 号横剪操作画面操作

2 号横剪操作画面如图 8-11 所示，通过画面可以实现钢板剪板头的必要控制。2 号横剪的操作基本和 1 号横剪相同，2 号横剪使用定尺机。

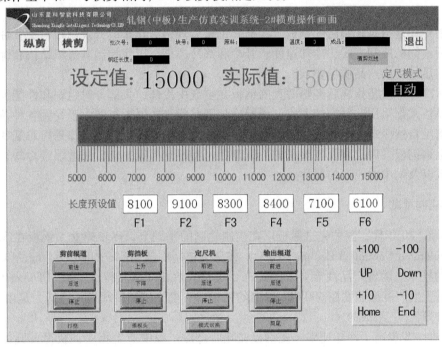

图 8-11 2 号横剪操作画面

复习思考题

8-1 中厚板剪切机有几种类型？

8-2 中厚板剪切线的布置形式有哪几种？

8-3 分析轧件剪切过程。

8-4 如何合理确定剪切机重合量和侧向间隙？

8-5 如何评价剪切作业的效果？

8-6 典型剪切缺陷有哪些，如何消除剪切时的缺陷？

8-7 划线的目的及工作任务是什么？

8-8 划线操作应注意的事项有哪些？

9 中厚板精整其他操作

9.1 冷却

中厚板生产中，轧后钢板的冷却是保证其最终质量的重要环节。钢板轧后冷却可分为控制冷却、自然冷却、强制冷却（强制风冷、水冷等）以及缓慢冷却（堆垛冷却）等几种形式。

控制冷却是指对轧制后的钢板，根据其钢种、规格、化学成分及用户对交货性能的要求，采用不同的冷却方式、冷却速度、开冷和终冷温度，以便控制其组织结构和综合力学性能，满足最终的产品质量要求。

自然冷却一般是指轧后经热矫直的钢板在空气中冷却，大部分对组织和性能无特殊要求的中厚板大都采用这种冷却方式。强制冷却则是指当中厚板车间由于受到各种条件的限制无法满足自然冷却工艺要求，可酌情采用强制冷却的措施。缓慢冷却是指对某些高碳钢和高合金钢钢板，以及有脱氢要求的管线钢板、特厚钢板等，轧后通过缓慢冷却，以利于氢的扩散以及钢中内应力的释放。

9.1.1 控制冷却

20 世纪 80 年代，国外先进厚板厂在控制轧制的基础上，逐步确立了钢板在线快速冷却（Accelerated Controlled Cooling，ACC）或称为控制冷却（Controlled Cooling，CC，简称控冷）的技术。随着产品性能要求的提高，逐步发展出了直接淬火工艺（Direct Cooling，DQ），用于生产抗拉强度在 600MPa 以上的钢板。目前，控制冷却通常被认为是由 ACC 和 DQ 两种冷却工艺组成的。

DQ 进一步提高了冷却速率，使钢板在轧后急冷过程中产生相变，获得贝氏体加马氏体或马氏体组织，使其抗拉强度达到 600MPa 以上，因此对达到相同指标的钢板来说，可以降低碳含量，提高焊接性能，并降低生产成本。

在各种控冷装置中，喷水方式的选择是一个关键。国内外普遍采用比较多的是表9-1 中的几种方式。有单一的喷水方式，有两种或多种相配合，以达到冷却的快速、均匀，满足不同工艺的要求。

表 9-1 控冷装置中 4 种喷水方式的比较

项目	水幕冷却	层流冷却	雾化冷却	喷射冷却
优点	水流为层流状态，冷却速度大，对水质要求不高，易维护，冷却率比层流高，冷却区短	冷却厚度范围广，按板厚使用不同喷嘴，冷却均匀，调节灵活	以气雾化，冷却均匀，冷却速度变化范围大，可单独风冷、弱水冷和强水冷结合	调节范围广，冷却率高于层流，结构简单，维护量小

项目	水幕冷却	层流冷却	雾化冷却	喷射冷却
缺点	冷却速度调节范围小,不易控制厚度与宽度方向均匀冷却,薄板用低水量时,水幕被破坏,故不适合要求冷却速率低的薄板	冷却速率较低,不适合 DQ 方式	需要风、水两套系统,噪声大,设抽气系统,冷速小	冷却速度低,为达到高的冷却速度,水量要求大
适用范围	适用 DQ 及厚板,不适用于薄规格	多用于 ACC 上喷嘴	适用于 ACC	多用于下喷嘴、辊淬及轧机和热矫上喷嘴

9.1.2 自然冷却

凡是在空气冷却过程中不产生热应力裂纹、最终组织不是马氏体或半马氏体的钢种,例如碳素结构钢、低合金高强度钢、大部分优质碳素结构钢和合金结构钢、奥氏体不锈钢等,都可以采用自然冷却方式。

自然冷却采用的工艺设备是冷床,冷床分为在线和离线两种布置方式。

一般情况下,轧制后的中厚钢板要进行热矫直,热矫直后钢板温度可达 500~800℃;对于不经矫直的钢板,其运至冷床处的温度可高达 1000℃左右。要求冷床输出的钢板温度低于 150℃,以便将其运至下一道工序进行翻板检查、表面修磨、超声波探伤、划线及剪切等精整操作。钢板在冷床上的冷却、输送过程应冷却均匀,且需保护钢板表面不被划伤。

对于轧制后的厚度超过 50mm 的特厚钢板,由于其单重较大,进入冷床时的温度高,一般设置专用冷床进行冷却。

在线冷床的结构形式主要有滚盘式和步进式。

滚盘式冷床冷却速度快,钢板间距可以调节,具有操作灵活、冷却效果较好、设备结构简单、造价低等优点,但这种机构工作的润滑条件差,结构复杂,维修费用高且工作量大,钢板表面与滚盘是线接触,容易产生滚动摩擦。目前很多中厚板厂的小面积冷床以及热处理区域冷床常采用滚盘式冷床。

步进式冷床由多组固定梁和步进梁以及铺设其中的格栅板组成,步进梁由机械或者液压传动使其上下升降、前后横移,以实现输送钢板的目的。步进式冷床由于具有以下的优点,已在我国许多新建和改造的中厚板车间内广泛采用。

(1) 适用于高产、大型化生产线。

(2) 钢板在运输中没有相对滑动,不会发生钢板下表面划伤。

(3) 两侧无遮挡,下部净空高,空气对流性好,冷却效率比其他形式冷床高。

(4) 格栅间距小,支撑面多且平整,冷却后钢板平直度好。

(5) 格栅结构有利于钢板下表面的冷却及冷却均匀性。

(6) 钢板在活动梁和固定梁的格栅上交替停留,必要时还可"原地踏步",改善了钢板冷却的均匀性。

(7) 活动梁还可向后运动,增加了冷床操作的灵活性。

(8) 步进式冷床可采用分组控制,提高了冷床的利用率。

（9）设备运行平稳可靠，维护量小。

另外，在一些中厚板厂还采用离线冷床的方式，即所布置的冷床不在主生产线上，一般都是以固定台架的形式布置在车间某处，采用固定支架或滑轨组成一个承重台架，采用厂房吊车或专用吊车吊运钢板上、下冷床。

9.1.3　强制冷却

当中厚板车间由于受到各种条件的限制，车间内所布置的冷床面积不足以满足冷却工艺要求，或对钢板的冷却速度有较高要求时，可酌情在冷床区域采用强制冷却措施。

根据强制冷却时钢板冷却速度的不同，强制冷却一般分为三种情况：

（1）强制风冷。在冷床周围或者冷床下方的基础坑内布置若干鼓风机，利用鼓风机所产生的强大气流促进冷床周围空气的流动，加快冷床区域冷热空气的交换，从而将钢板辐射出的热量散发到车间其他区域或厂房屋顶外，实现钢板的冷却。

（2）喷雾冷却。在冷床出口侧的较低温度区，采用特殊的喷头将冷却水以细雾状水滴的形式喷射到钢板上下表面。通过高温钢板表面细雾状水滴的瞬间蒸发，不会在钢板表面产生蒸汽膜，也不会出现停留在表面的水滴，从而从钢板表面带走大量热量，实现钢板在冷床区域内的快速冷却。

（3）喷水冷却。通过在冷床上冷却钢板的表面喷水处理来实现钢板的冷却。该方法虽然冷却速率高，但控制不好易产生钢板的变形，不利于钢板后续工序的处理，所以一般中厚板厂较少使用。

9.1.4　缓慢冷却

对于像管线钢一类的中厚板产品，由于其往往应用在特定的工作环境中，因此对其抗氢致裂纹（HIC）或抗硫化物应力腐蚀（SSCC）能力都有着特定的要求。

在钢中，硫一般以呈"球形"的硫化锰的形式存在。在轧制过程中，分布在钢中的这些化学成分被轧制成"扁平"状。

大部分管线钢都应用在含有 H_2S 和酸性条件的环境中。这种应用环境易使钢板表面环境中的氢原子扩散进入金属内部网格结构之中。这些氢原子会与钢板中的硫化锰成分进行反应，进而形成氢分子。

氢分子比氢原子大 14000 多倍，因而能够在金属内部的原子位置附近形成"钉扎"力，造成"扁平"状金属晶体结构中的应力增大。随着这种应力的增高，以及内应力的增大，晶体结构间产生裂纹。这种裂纹不断扩散，伴随着周围更多相似的裂纹加入，会逐渐产生更大裂纹的驱动力，最终就会导致整根管线灾难性的断裂。

另外，钢中的合金元素虽然能够提高钢的强度，但同样也增大了钢的硬度。这是因为在钢液的冷却过程中，杂质元素在最后凝固区形成很多隔离开的富集区。当受到内应力或者外应力时，这些隔离开的富集区在氢分子的作用下，就成为裂纹产生的"温床"。

某些塑性和导热性较差的钢种在冷却过程中可能会产生冷却裂纹或白点。裂纹形成的主要原因是钢中内应力的影响，冷却速度愈快，内应力就愈大，容易产生表面裂纹。白点的形成则主要是由于钢中氢的析出和聚集。因此，对于某些高碳钢和高合金钢钢板，以及有脱氢要求的管线钢板、特厚钢板，轧后必须进行缓慢冷却。

缓慢冷却制度要根据钢种、化学成分和冶炼、浇铸工艺条件等因素确定，相应采用堆垛冷却、缓冷坑或罩式炉内缓冷等方式进行。

堆垛冷却是将轧后的钢板在车间某处通过厂房起重机或特定的起重运输设备将其重叠放置在一起，然后在自然空气中保持一定的冷却时间后，再将其转运到下一道工序。对于堆垛缓冷而言，若堆垛区域小，则缓冷时间短；反之，缓冷时间长，则堆垛面积要足够大。

堆垛缓冷的策略是要在将钢板冷却到300℃以下和需要大的表面积让氢充分扩散之间寻求平衡点。若既没有足够的表面冷却面积，而冷却速率又很大，则无法保证300℃以下氢的扩散，得不到满意的抗氢致裂纹（HIC）的结果。

缓冷坑有加热和不加热两种形式，具备加热条件的缓冷坑适用范围更广，操作比较灵活，可以进行待温处理，主要用于缓冷速度过快且容易出现开裂的某些品种特厚钢板，需要时亦可做特厚板退火处理。

以国内某厚板厂特厚板缓冷坑为例，其坑体采用焊接钢结构，内衬耐火材料，并敷设护板，以避免吊装钢板时碰撞炉坑内衬造成损坏。为节省在车间的占地面积，炉盖分成高、低两截。低层炉盖可以插入到高层炉盖中。盖体由型钢和钢板焊接而成。高盖的内表面和低盖的内、外表面均敷设硅酸铝耐火纤维毯和岩棉板。高、低层炉盖分别用两套电动机构牵引。炉坑两侧下部配有低压涡流烧嘴，用以供热。坑体内衬由耐火黏土砖和硅钙板制品组合而成。

在罩式炉内缓冷，可改善钢板的冷弯和冲击韧性，防止钢中出现白点缺陷。

9.1.5 圆盘辊式冷床操作要点

圆盘辊式（滚盘式）冷床的操作要点如下：

（1）首先检查上下冷床传送装置、辊盘、辊道运转是否良好，防止有不转的链轮、辊子、辊盘划伤钢板下表面。

（2）运送钢板必须要严格执行"按炉送钢制度"，不得混号。

（3）钢板运送时，不得重叠或歪斜。

（4）根据钢板长度决定单排拉钢或双排拉钢。

（5）两个冷床必须同时使用，均衡拉钢，使钢板充分冷却。

（6）热钢板只能在辊道上通过或来回移动，不得停留在辊道上。

（7）上下冷床传送装置只有处于最低位置时，方可开动辊道。

（8）当后部工序发生故障，冷床上钢板不能向后部输送，冷床满后及时通知轧机停轧。

（9）冷床发生故障时，立即通知轧机停轧，防止浪板发生。

9.1.6 冷却缺陷及防止

钢板在冷却过程中，由于冷却设备不完善、操作不当等原因可能造成各种不同性质的钢板缺陷。

（1）钢板瓢曲。

产生原因：主要是由浇水量过大（冷却速度过快），或上下表面冷却不均造成。

特征：钢板在纵横方向同时出现同一方向的板体翘曲或呈瓢形。

处理方法：适当增加矫直机的压下量，反复矫直，瓢曲严重的报废；若数量较大，也可以采用常化炉加热后再矫直。

预防措施：严格执行工艺标准，严格控制上下喷水量，使钢板表面冷却均匀，减少上下表面温度差。

（2）混号。冷却操作造成的混号事故主要是在床面上推混，即把两个炉号的钢推在一起，或在下床收集时造成，另外，跑号工没有盯住最后一根也会造成混号。

一旦发生混号时，冷床应立即停止操作，迅速处理，如果混得不太厉害，可以用前后数根数的方法查找。如果混得厉害，批量也多，则要先积压起来，需要取样化验才能确认。

为了防止精整混号，首先跑号工应该盯住每炉钢的最末一根，钢材上冷床之前，一边报告给冷床操作人员，一边眼睛看住钢材，确认上冷床无误以后才可离开。冷床上一个床子最好放同一炉钢，如果一床子同时放两炉钢，应有明显的标记隔开并且通知收集入库人员。标牌工应及时检查标牌，做到牌与物相符。

9.2　翻板、表面检查及修磨

9.2.1　概述

钢板表面缺陷按其来源分为两类：一类是由钢锭、钢坯或连铸坯本身带来的，称为钢质缺陷，如结疤、夹渣等；一类是由钢锭或钢坯到成品钢板各工序操作不当或其他原因造成的，称为操作缺陷，如刮伤、压入氧化铁皮等。

冷却后的钢板，过去凭肉眼对上下表面进行检查（下表面要翻板后进行检查）。现在有的已开始改用反光镜与灯光检查，在操作室内就可发现钢板上下表面有无缺陷。近来由于板坯质量可靠、氧化铁皮清除干净、冷床设备的改进等使钢板表面缺陷已很少，因此国外个别工厂还取消了翻板检查工序，偶尔发现的缺陷可离线进行补救清理。

对发现的钢板表面缺陷可根据其严重程度分别采用修磨、切除等措施。

9.2.2　翻板机形式

中厚板厂在冷床后都安装有翻板机，翻板机的作用是为了实现对钢板上、下表面的质量检查。常见的翻板机有两种形式，一种是曲柄式（见图 9 - 1），一种是正反齿轮式（见图 9 - 2）。两种方式中以曲柄式翻板机为好，它的优点是翻板平稳、噪声低、不会夹伤钢板，而且能双向翻板。

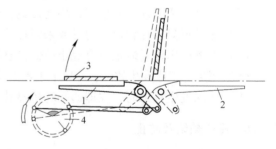

图 9 - 1　带有曲柄连杆机构的翻板机

1，2—两组托臂；3—钢板；4—曲柄

使用曲柄连杆传动机构的，当一对曲柄机构转动 360°时，用两组托臂使钢板翻转 180°。由图 9 - 1 可以看出，当曲柄 4 按箭头方向转动时，托臂 2 便发生转动与托臂 1 靠近夹住钢板，当继续转动时，两组托臂和钢板一起竖起来，当距垂直面约 5°~10°时，两组托臂便开始相互平行，这种平行继续保持到垂直面的另一侧约5°～10°时，钢板从托臂1翻到托臂2上（如图9-1中的虚线所示）。从此时开始，托臂便逐渐回到原来的位置（如图9-1中的实线所示）。

正反齿轮式翻板机，如图9-2所示，当齿轮3转动其1/4周长时，使钢板翻转90°倾倒到另一侧托臂上，再将齿朝反方向转动其1/4周长时，使钢板落下，从而达到钢板翻180°的目的。

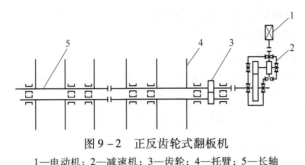

图9-2 正反齿轮式翻板机

1—电动机；2—减速机；3—齿轮；4—托臂；5—长轴

9.2.3 翻板操作

9.2.3.1 齿轮传动式翻板机操作

A 开车前的检查

（1）翻板机大轴传动齿轮，应达到润滑良好，无杂物。

（2）翻板机电闸松紧情况和闸皮磨损情况，应达到抱闸制动良好，闸皮厚度不小于4mm。

（3）托臂起落位置应达到无阻碍，下落到位时托臂不高于辊道面。

（4）托运机小车及钢绳应达到转动灵活，倒车时不刮钢板，钢绳紧固。

（5）钢板输送辊道链条，应达到长度适当，转动灵活。

B 操作程序及作业标准

（1）钢板输入。当钢板经矫直输出后，启动翻板机输入辊道输入钢板，并将钢板停在拖运机小车的中间位置。使拖运机小车两个推爪受力均匀，钢板不发生偏移。

（2）拖运钢板。启动拖运机，让拖运机小车推爪先缓慢接触钢板，防止撞击时钢绳拉断，将钢板横移，使钢板侧边位于翻板机两组托臂的中心位置后停止。

（3）翻板。启动翻板机，当钢板直立靠在被动托臂时，立即反向操作，将托臂缓慢落下。当托臂低于辊道面时停止，从而达到钢板翻转180°的目的。

（4）钢板输出。启动推钢小车将钢板推送到钢板输出辊道上，使一侧边与挡板靠齐，然后将小车退回原处。再启动输出辊道将钢板输送到划线台上停稳。

C 操作注意事项

（1）开车时应逐步启动，确认设备运转无障碍再完全启动。

（2）钢板卡住时严禁用推钢小车撞钢板，以免钢绳撞断。

（3）不准一次翻多张钢板。

（4）翻板机托臂起落速度不要太快，避免产生很大的冲击力。

（5）托臂下落时，其下面不准输入钢板，以免将托臂撞弯或折断，或托臂将钢板压坏。

（6）不翻板时，托臂停留位置应低于辊道面。

（7）运转时应保持电闸有正常的制动力，若发现电闸松动应及时调整。

9.2.3.2　曲柄连杆式翻板机的操作要点

（1）首先检查移送链条是否完好，运转是否灵活，翻爪是否处于同一平面。

（2）翻板和移送钢板时，应严格执行按炉送钢制度，不得混号。

（3）翻板时不得猛起猛落，要安全平稳。

（4）翻板时，不得向翻板机送钢。

（5）翻爪落下位置要低于移送链水平面，否则不准开动移送链。

（6）未经检查人员许可，不得擅自送钢和翻板。

（7）保持移送链轮和滑道上有足够的润滑油。

9.2.3.3　翻板操作缺陷及防止

A　钢板划伤

（1）特征：在钢板表面有低于轧制面的横向直线沟痕，其长短和位置不一，但距离相同，并在伤口处有金属光泽。

（2）产生原因：多为滑道辊道有棱角或突出的螺丝与钢板摩擦造成。

（3）处理方法：划伤轻微不超标准规定允许范围的保留或修磨，严重的切除。

（4）预防措施：要经常检查与钢板表面接触的部分是否有棱角，发现后应立即处理。

B　翻板机托臂压伤

（1）特征：在钢板一个纵边有鲜明横向压印和弯曲变形，其变形程度边部大于中间。

（2）产生原因：一种是由于翻板时托臂转动角度过火，造成两组托臂交叉对钢板产生压力，使钢板受压变形。另一种是在托臂下落时钢板输入，托臂落在钢板上表面将钢板压变形。

（3）处理方法：轻微压伤可以用矫直机矫平，严重的切除。

（4）预防措施：一是操作前检查翻板机电闸，应保证控制准确；二是翻板时注意观察托臂的起落位置，正确适时地输入钢板；三是提高操作技术水平。

9.2.3.4　翻板机操作事故及预防

在生产过程中，由于操作不当易发生托臂撞弯或撞掉事故。

（1）事故原因：托臂停留位置高于辊道，或托臂下落时输入钢板，将托臂撞弯或将其根部撞开焊。

（2）处理方法：将托臂被撞弯部位平整过来，撞掉的平直后焊上。

（3）预防措施：托臂的停留位置必须低于辊道面，翻板时严禁输入钢板。

9.2.4　砂轮机

用于厚板修磨的砂轮机有如下几种：手推砂轮机、自动砂轮机、圆盘式砂轮机、手砂轮机、砂带修磨机、不摆头砂带修磨机、自动磨削机。

（1）手推砂轮机。这是在厚板修磨中最常使用的一种砂轮机。在小型手推车上装上电动机，砂轮由三角皮带传动。作业人员手持砂轮机，边左右摆动砂轮边拉着手推车前进。

（2）自动砂轮机。这是一种使手推砂轮机摆头和走行自动化的机械。在钢板上铺设钢轨和这种机械配套时，它就边磨削一定宽度边行走。可以不用人工修磨，一人即可操纵数台机械。因而适于大面积修磨，得到了广泛的应用。这种机械和手推砂轮机的大小大致一样，移动场地比较简单。

（3）圆盘式砂轮机。这种型号也叫角砂轮，重量轻、体形小，一般用于狭小场所或从下方修磨钢板下表面等。

（4）手砂轮机。这种型号使用扁平砂轮，其特点与圆盘式砂轮机相同。

（5）砂带修磨机。这是一种用磨削砂带代替手推砂轮机的砂轮，使它在皮带轮上旋转的机械。使用方法与手推砂轮机相同。

（6）不摆头砂带磨削机。这是一种使用磨削皮带的砂轮机，不是边使用边摆头，而是边修磨边前进。

（7）自动磨削机。在沿着钢板长度方向敷设钢轨上走行的台车上，装载一台在台车上沿宽度方向走行的磨削机，有如一台桥式起重机。将需要修磨的钢板放在两条钢轨之间，开动磨削机就可以修磨任何部位的缺陷。它能够自由确定磨削部位，指定磨削部分的宽、长，并且还能够遥控。然而，由于修磨板的搬出搬入、修磨部位、修磨面积没有规律性等原因，目前还不能充分发挥其能力。

9.2.5　砂轮的选择

不同硬度的钢料选择砂轮的粒度不同，一般清理硬度高的钢料时选用软质砂轮，因为软质砂轮的黏合剂强度低，磨钝的砂粒易脱落，砂轮表面经常保持着新砂粒，砂轮的研磨效率较高。清理较软的钢料时，选用硬质砂轮，因为硬质砂轮表面的砂粒磨钝得较慢，也有利于提高研磨效率。另外还要注意选择合适的砂轮转速和掌握好砂轮对钢坯的压力，使清理中因摩擦而产生局部温升及时散去，防止清理后产生裂纹。

9.2.6　修磨操作要点

修磨操作的要点如下：

（1）检查修磨小车的砂轮片直径不得小于极限尺寸，不得有裂纹，否则应立即更换。

（2）检查小车的锁紧螺丝螺母是否松动，护罩是否完好、牢固，电缆线是否破损。

（3）小车的砂轮转动是否平稳，确认无问题后，方可使用修磨小车。

（4）关闭电锁后，在质检人员指定的缺陷部位进行修磨，修磨时小车应前后移动，保证修磨处平缓无棱角，必须将缺陷清理干净，修磨完后经质检人员认可。

（5）修磨后，将修磨部位涂上清漆。

9.3　喷丸清理和涂漆

9.3.1　喷丸设备

厚板喷丸装置有立式与卧式两种。虽然它们在本质上没有区别，但立式的在喷丸工序的前后要将钢板竖起放倒。还有，钢板的传送也有问题，现在多采用卧式装置。

图 9-3 为卧式喷丸装置的示意图。钢丸由高速旋转的喷射机的叶轮片尖端喷射出去，轨迹呈漩涡状，以非常高的速度清扫钢板以去除钢板上的氧化铁皮。

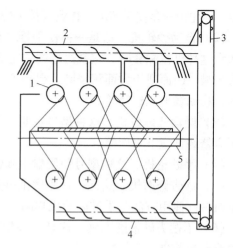

散落在钢板上的钢丸由刮板和压缩空气扫入抛射室下部的漏斗内，在漏斗下部装有一个过滤网，使大块破片不会卷进下部的螺旋式输送机。钢丸循环在进入螺旋式输送机之前，通过风选式分选机，利用气流将清除掉的氧化铁皮、不能使用的钢丸以及其他异物分离开来。此外，也有安装旋转式分离器的。经过分离后，将能够使用的钢丸通过螺旋式输送机将它送到边侧，再用链斗式输送机送往上部，供各喷射机使用。

图 9-3　卧式喷丸装置示意图

1—喷射机；2—上部螺旋式输送机；3—链斗式输送机；
4—下部螺旋式输送机；5—辊道

抛射室用钢板围起来，里面铺上一层碳钢铸件，在直射部位还要装上耐磨性能好的铬制垫板，在检查孔的部位特别铺上一层橡胶内衬，如果密封不严密就容易漏钢丸。在漏斗侧面装有钢丸补给口，以便在运转中也能补给。

抛射室内有乱弹射的钢丸，传送钢板用的辊子容易磨损，因此一般使用耐磨钢或衬胶辊。喷丸机内的辊子间距一般为 700～800mm，如间距过大，当通过薄板时有掉进两个辊子之间的危险。如辊子与侧板之间的密封不严密，也会造成漏钢丸。

9.3.2　喷丸和涂漆

造船、桥梁、大型油罐等用厚板作原料的大型钢结构物，其坯料的保管、半成品的保管及安装等多在室外进行，且多数工期很长，因此，必须注意防锈。喷丸清理和涂漆就是为满足这种要求而采用的手段，其主要目的是把钢板最初生成的氧化铁皮去掉，进行首次防锈处理，以防止加工过程中生锈，便于进行成品完工后的防锈和涂漆。这种喷丸清理和涂漆工作过去都是由桥梁厂和造船厂进行的，后来逐渐过渡给钢板生产厂进行。其原因一方面是由于桥梁、造船厂的喷丸能力不足，另一方面由钢板生产厂作喷丸处理时，在去掉氧化铁皮的同时，很容易发现表面缺陷，有利于充分清理，对确保质量有好处。而且，在用无氧化炉进行热处理时，也必须预先除掉氧化铁皮。

喷丸处理使用的喷射材料有砂粒、切碎的钢丝及钢球等，通常采用直径为 1.0mm 的钢球。在喷丸处理中，为了除掉氧化铁皮，需要把这些喷射材料以 60m/s 的高速度喷到钢板表面上，因此钢板表面会产生微小的凹凸不平，并引起轻微的加工硬化。

表面加工硬化层深度应限于表面层 1.0mm 以内，最深可达 2.0mm。硬度的提高程度和硬化层深度随板厚与材质而变化。由于加工硬化，延伸率有很大的降低。表面发生凹凸后会使弯曲性能变坏。

涂漆作业是用手动或自动喷雾器把用户指定的涂料按照规定的干燥涂膜厚度均匀地喷涂到钢板上。涂漆板的涂膜厚度不均和过厚对气体切割性和焊接性均有影响，所以，对涂膜厚度要进行限制，在确保发挥防锈效果的前提下，涂膜厚度越小越好。

9.4 钢板标志

9.4.1 钢板标志的内容和目的

在钢板入成品库时，钢板表面必须标有明显的产品标志。标志的内容为：供方名称（或厂标）、标准号、牌号、规格及能够跟踪从钢材到冶炼的识别号码等。有关标志的具体要求，均按 GB/T 247 或相应的标准以及协议规定执行。钢板标志的目的是为了便于识别，防止钢板在出厂后的存放、运输和使用时，造成钢质混乱，不利于合理地使用钢板。

9.4.2 钢板标志的方式

钢板标志的方式有如下几种：

（1）喷字。喷字是在钢板端部的上表面放上用薄钢板（或合金铝板等）制成的漏字板，摆上所需要的漏字，然后用喷枪喷涂白色的高温涂料或油漆。由于换字速度较慢，作业环境较差，故有的企业已研究使用自动喷字机。

（2）打印。由于钢板在长期储存和吊运过程中，其表面相互摩擦或与其他物体摩擦，以及酸洗、喷丸、锈蚀等原因，造成喷字变得模糊不清，因此还要在钢板表面的一角打上钢印，通常只打钢号、生产批号（或炉罐号）。打印是利用高强度的钢字，使用压力或冲击力将钢字印在钢板表面上。通常使用的打印方式有：手工打印、液压滚字机、打印机等。

（3）贴标签。事先将标记内容写在标签纸上，然后将标签纸贴在钢材的端面或侧面上，这种方法既简单又可靠。

9.5 分类、收集

9.5.1 钢板分类、收集的目的和任务

凡经剪切机剪成各种长宽尺寸规格，并检查判定合格的钢板，都必须按照钢质、炉罐号、批号、尺寸规格以及每吊钢板所允许的最大重量等进行分类、收集。其目的在于防止钢质和规格混乱，便于吊运和成品管理，合理使用钢材。

这项工作的主要任务是：将不同炉罐号、钢质、批号、尺寸规格的钢板进行分类；将各类钢板运送到适当场地，进行垛板。

9.5.2 垛板的形式

成品钢板的厚度不同，所采用的垛板装置也不同。中厚板的成品收集装置有电磁吊式、斜坡式、推钢式等多种形式。如图 9-4、图 9-5 所示，为两种形式的垛板装置。

9.5.3 垛板机操作

9.5.3.1 推钢式垛板机操作

A 操作前的检查

（1）检查垛板机钢绳磨损情况，应达到无严重起刺和严重断股现象。

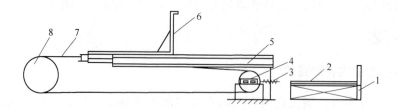

图9-4　推钢式垛板机示意图

1—垛板架；2—钢板；3—调整螺丝；4—从动绳轮；5—滑边；6—推爪；7—钢绳；8—主动绳轮

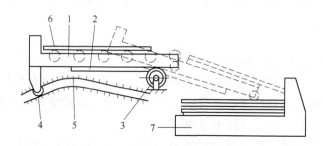

图9-5　滑坡式垛板机示意图

1—滑架；2—齿条；3—齿轮；4—导轮；5—导轨；6—滚轮；7—垛板架

（2）检查垛板机推爪是否在一条直线上，发现不正应及时调整。

（3）检查垛板挡桩是否牢固，发现开焊时应立即加固。

（4）检查垛板架是否磨损严重或断裂，发现断裂应及时更换。

B　推钢式垛板机操作程序

钢板进入垛板辊道后，观察板面标志，根据钢质、炉罐号、批号、生产计划要求的尺寸规格进行分类。按照钢板的尺寸规格分类有两种：一是计划产品，即钢板的厚度、长度、宽度尺寸符合生产作业计划要求；另一种是非计划产品，即钢板的厚度、长度、宽度尺寸不符合生产作业计划要求。通常符合生产作业计划要求的钢板垛在一起，厚度非计划品垛在一起，宽度和长度非计划品垛在一起，当下架钢板出现偏斜时，下架工要用鹰嘴钳将钢板别正，应保证同垛钢板头端一侧面整齐。

作业标准：分类准确，垛板整齐。

C　操作注意事项

（1）垛板操作工应与下架工互相配合，以防钢板碰人，撞坏垛挡桩及垛板架。

（2）辊道在输送钢板时，不允许开动推床或将推床推爪傍在辊道中间，以免将推爪撞坏。

（3）在处理辊道传动链掉链子或断链子时，应先把操纵台的电锁锁好，再去处理链子。

（4）当检查人员卡量厚度或观察断面时，不准移动钢板。

（5）冷床上的钢板要单张推送，不得重叠或连续推送（采用步进式）。

（6）当钢板表面有缺陷标记时，严禁输送到成品跨。

（7）不同宽度堆垛在一吊的钢板，应宽的在下，窄的在上，下面的宽钢板不少于3张（块数少于5张的除外）。

9.5.3.2 电磁吊操作要点

（1）电磁吊必须听从挂吊工的指挥，允许后方可起吊。

（2）电磁吊上下启动要平稳，不得猛启猛落。

（3）电磁吊运送钢板要平稳，不得来回摆动。

（4）垛板时，必须单定尺、双定尺和不同钢种分开堆放，并且保证钢板一侧边平齐。

9.6 取样、检验

9.6.1 检验

9.6.1.1 钢板质量检验

对钢板质量检验的目的是验证钢板能否满足有关技术条件的要求，并正确评价其质量水平。钢板质量检查的内容包括力学性能和工艺性能检验、内部组织检验、外形尺寸检验、表面质量检验和内部缺陷的无损探伤等。其中力学、工艺性能检验和内部组织检验都要先在钢板上按规定取试样后再进行检验，其他项目则无需取样检查。各类钢板的具体检验项目由该类钢板的标准规定。

9.6.1.2 检验规则

（1）钢板和钢带的质量由供方技术监督部门进行检验和验收。

（2）交货钢板和钢带应符合有关标准的规定，需方可以按相应标准的规定进行复查。

（3）钢板和钢带应成批提交检验和验收，组批规则应符合相应标准的规定。

（4）钢板和钢带的检验项目、试样数量、取样规定和试验方法应符合相应标准的规定。

（5）复验。当某一项试验结果不符合标准规定时，应从同一批钢板或钢带中任取双倍数量的试样进行不合格项目的复验（白点除外）。复验结果均应符合标准，否则为不合格，则整批不得交货。

供方对复验不合格的钢板和钢带可以重新分类或进行热处理，然后作为新的一批再提交检验和验收。

9.6.2 批的概念

标准中所指的批是指一个检验的单位，而不是指交货的单位。通常一批钢或钢材的组成有下列几种不同的规定（详见有关标准）。

（1）由同一炉罐号、同一牌号、同一尺寸或同一规格（有的还要求同一轧制号）以及同一热处理制度（如以热处理状态供应者）的钢材组成。

（2）由同一牌号、同一尺寸及同一热处理制度的钢组成。与第一种的区别在于可由数个炉罐号的钢组成。如普碳钢、低合金钢可以组成混合批，但每批碳含量之差应不大于0.02%，锰含量之差应不大于0.15%。一般用途普通碳素钢薄钢板等均属这种情况。

（3）其他均与第一或第二种相同，但尺寸规格可由几种不同尺寸组成，例如普通碳素钢和低合金钢厚钢板标准规定，一批中钢板厚度差根据厚度不同规定为3mm或2mm的钢板可组成为一批进行检验。检验批和交货批不是一回事，检验批是进行检验的单位，而交货批是指交货的单位。当订货数量大时，一个交货批可能包括几个检验批；当订货数量少时，一个检验批可能分成几个交货批。

9.6.3　钢材力学及工艺性能取样

9.6.3.1　样坯的切取

（1）样坯应在外观及尺寸合格的钢材上切取。

（2）切取样坯时，应防止因受热、加工硬化及变形而影响其力学及工艺性能。

1）用烧割法切取样坯时，从样坯切割线至试样边缘必须留有足够的加工余量，一般应不小于钢材的厚度，但最小不得少于20mm。对厚度大于60mm的钢材，其加工余量可根据双方协议适当减小。

2）冷剪样坯所留的加工余量可按表9-2选取。

表9-2　冷剪样坯所留加工余量

厚度/mm	加工余量/mm
≤4	4
>4~10	厚度
>10~20	10
>20~35	15
>35	20

9.6.3.2　样坯切取位置及方向

（1）应在钢板端部垂直于轧制方向切取拉力、冲击及弯曲样坯。对纵轧钢板，应在距边缘为板宽1/4处切取样坯。对横轧钢板，则可在宽度的任意位置切取样坯。

（2）从厚度小于或等于25mm的钢板上取下的样坯应加工成保留原表面层的矩形拉力试样。当试验机条件不能满足要求时，应加工成保留一个表面层的矩形试样。厚度大于25mm时，应根据钢材厚度，加工成GB 228中相应的圆形比例试样，试样中心线应尽可能接近钢材表面，即在头部保留不大显著的氧化铁皮。

（3）在钢板上切取冲击样坯时，应在一侧保留表面层，冲击试样缺口轴线应垂直于该表面层。

（4）测定应变时效冲击韧性时，切取样坯的位置应与一般冲击样坯位置相同。

（5）钢板厚度小于或等于30mm时，弯曲样坯厚度应为钢板厚度；大于30mm时，样坯应加工成厚度为20mm的试样，并保留一个表面层。

（6）硬度样坯应在与拉力样坯相同的位置切取。交货状态钢材的硬度一般在表面上测定。

9.6.4　成品化学分析取样

9.6.4.1　成品分析

成品分析是指在经过加工的成品钢材上采取试样，然后对其进行的化学分析。成品分析主要用于验证化学成分，又称验证分析。由于钢液在结晶过程中产生元素的不均匀分布（偏析），成品分析的值有时与熔炼分析的值不同。

9.6.4.2 取样总则

（1）用于成品分析的试样，必须在钢材具有代表性的部位采取。试样应均匀一致，能充分代表每批钢材的化学成分，并应具有足够的数量，以满足全部分析要求。

（2）化学分析用试样样屑，可以钻取、刨取，或用某些工具制取。样屑应粉碎并混合均匀。制取样屑时，不能用水、油或其他润滑剂，并应去除表面氧化铁皮和脏物。成品钢材还应除去脱碳层、渗碳层、涂层、镀层金属或其他外来物质。

（3）当用钻头采取试样样屑时，对小断面钢材成品分析，钻头直径应尽可能地大，至少不应小于6mm；对大断面钢材成品分析，钻头直径不应小于12mm。

（4）供仪器分析用的试样样块，使用前应根据分析仪器的要求，适当地予以磨平或抛光。

9.6.4.3 成品分析取样

（1）纵轧钢板。钢板宽度小于1m时，沿钢板宽度剪切一条宽50mm的试料。钢板宽度大于或等于1m时，沿钢板宽度自边缘至中心剪切一条宽50mm的试料。将试料两端对齐，折叠1~2次或多次，并压紧弯折处，然后在其长度的中间，沿剪切的内边刨取，或自表面用钻通的方法钻取。

（2）横轧钢板。自钢板端部与中央之间，沿板边剪切一条宽50mm、长500mm的试料，将两端对齐，折叠1~2次或多次，并压紧弯折处，然后在其长度的中间，沿剪切的内边刨取，或自表面用钻通的方法钻取。

复习思考题

9-1 钢板轧后冷却有哪几种基本形式？

9-2 冷床的结构形式有哪几种？

9-3 冷却时有哪些常见缺陷，如何防止？

9-4 翻板的目的是什么，翻板机如何工作？

9-5 翻板易发生的操作事故如何防止？

9-6 修磨时应注意哪些事项？

9-7 钢板标志的内容和目的是什么？

9-8 钢板分类、收集的目的及工作任务是什么？

10 热 处 理

对机械性能有特殊要求的钢板还需要进行热处理。近年来中厚钢板生产中虽然已经广泛采用了控制轧制、控制冷却新工艺，并收到了提高钢板的强度与韧性、取代部分产品的常化工艺的效果。但是控制轧制、控制冷却工艺还不能全部取代热处理。热处理仍然用于一些产品的常化处理和低合金高强度钢的调质处理。并且热处理产品仍然具有整批产品性能稳定的优点。因此现代化的厚板厂一般都带有热处理设备。

10.1 热处理炉及其辅助设备

10.1.1 热处理炉的分类及比较

中厚板的热处理是中厚板生产的最后处理工序，其不仅可以改进钢板的加工性能，同时能够显著改善钢板的力学性能，在对高品质钢板需求越来越多的今天，中厚板厂配备热处理线几乎是必然的选择。

中厚板热处理线的核心设备是热处理炉。其对钢板的加热质量将直接决定着产品的质量，其炉温控制的准确性和加热的均匀性比中厚板的加热炉要求更高，其装备水平和操作水平直接影响钢板的质量和生产成本，所以中厚板热处理炉形式的选择是热处理工艺成功的关键。

热处理炉按照加热方式可分为明火加热与辐射管无氧化式加热两种；按钢板运送方式分为辊底式、步进梁式、外部机械化式、罩式及台车式等 5 种，如图 10 - 1 所示。

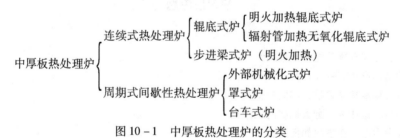

图 10 - 1　中厚板热处理炉的分类

热处理各炉型和加热方式的比较如下：

（1）热处理炉工作方式的比较。连续式热处理炉尤其是辊底式炉可用于钢板的正火、回火及调质等热处理。此种炉型产量大，机械化、自动化程度高，得到了广泛应用，是中厚板厂热处理炉的首选炉型。

周期式间歇性生产的热处理炉，主要用作钢板的退火、正火、回火及调质等热处理。此种炉型生产效率低，燃耗大，成本高，自动化程度低，一般常用于小批量和特厚板的热处理。

（2）明火与辐射管无氧化加热方式的比较。热处理炉的供热方式通常有两种：一种是明火加热；另一种是炉内通保护气体的辐射管无氧化加热。

辐射管加热时，炉内通入氮气等保护气体，在炉内形成惰性气氛，防止钢板的氧化，以获得更好的钢板表面质量。但辐射管加热受烧嘴功率的限制，为获得均匀的炉温，辐射管加热的烧嘴布置数量较多，配套设备较复杂，操作点多，维护量相对较大。

明火直接加热热处理炉的最大问题是氧化。表面氧化严重还会造成钢板麻坑、氧化铁皮增厚，特别是燃料中的有害成分会在一定程度上影响钢板的表面质量。

对于辊底式炉，除了用于不锈钢固溶的高温热处理炉采用明火加热以外，随着中厚板行业对产品的质量要求越来越高，越来越多的热处理炉采用辐射管无氧化加热。

同样，除了对产品的质量要求越来越高外，钢板的品种规格也越来越多，对于厚度大于 120 ~ 150mm 的特厚板，一般采用台车式炉或外部机械化炉进行热处理。

对于明火加热的步进式炉，其主要优点是虽采用明火加热，但不会在钢板表面产生辊印和划伤；造价低于辊底式炉，用于特厚板热处理有一定的优势。该炉型的最大缺点是钢板输送速度受到限制，难以实现高速出炉，不能与淬火机配套，只能用于钢板的正火、回火处理，目前较少采用。

下面重点介绍辊底式热处理炉、台车式热处理炉和外部机械化炉。

10.1.2 辊底式热处理炉

10.1.2.1 概述

辊底式热处理炉有辐射管无氧化加热和明火加热两种炉型，用于钢板的正火、淬火和回火热处理。目前国内新近建设的热处理炉，用于钢板正火、淬火和回火处理的，多采用辐射管无氧化加热炉型；用于钢板正火和回火处理，特别是中低温回火处理的，多采用明火加热炉型。

采用辐射管无氧化加热炉型时，钢板在入炉前通常需要进行抛丸处理，以去除钢板表面的氧化铁皮。经抛丸处理的钢板在接近入炉口处要进行对中，使其在辊道的正中运行，防止在炉内运行偏离后撞击炉墙。此外，钢板在入炉前还要再经过刷辊清扫，清除抛丸后仍附着在钢板表面的磁性粉尘，以防止这些粉尘随钢板入炉后，在高温下黏结在炉辊上形成结瘤，影响钢板的表面质量。

采用"连续处理"工艺时，钢板的装出炉速度与炉内的运行速度一致。采用"批处理"工艺时，为了减少钢板对炉底辊的热冲击，钢板的装炉速度一般取 15 ~ 30m/min；加热完成后，其出炉速度根据处理工艺确定。淬火处理时，出炉速度与淬火机所需速度一致；常化或回火处理时，则按设定速度出炉。

10.1.2.2 辊底式热处理炉的结构

辊底式热处理炉主要由下面几部分组成：装出料炉门、装出料口密封段（炉喉）、炉体钢结构和砌体、炉内辊道、燃烧系统以及保护气体系统等。装料侧炉外的对中装置、刷辊由于要配合钢板的入炉操作，一般也包含在热处理炉系统中。

图 10 - 2、图 10 - 3 为辐射管加热无氧化和明火加热辊底式炉示意图。

A 对中装置

对中装置的作用是将运行过程中已产生位置偏移的钢板重新置于辊道的中心线位置，

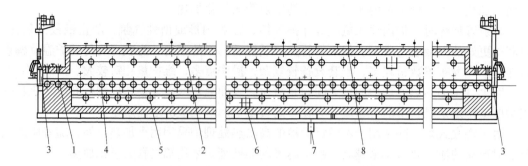

图 10-2　辐射管加热无氧化辊底式炉示意图

1—门帘；2—上辐射管；3—炉门；4—辊道；5—下辐射管；6—检修门；7—固定点；8—热电偶

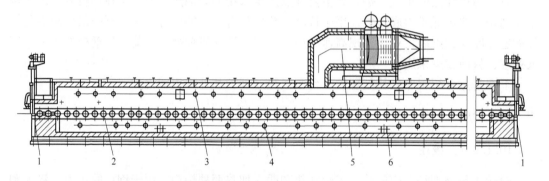

图 10-3　明火加热辊底式炉（回火）示意图

1—炉门；2—辊道；3—上烧嘴；4—下烧嘴；5—换热器；6—检修炉门

尽量保持钢板入炉后在炉子中心位置运行，防止钢板撞击炉墙。

　　根据钢板长度的不同，由 2~4 组装有自由辊的升降机构将钢板托起提升高出辊面，再水平对中夹紧，使钢板与辊道中心线平行或重合，同时完成钢板的测宽。其托起提升和水平对中夹紧均采用液压驱动。

　　B　刷辊

　　刷辊安装在辊道的下部，用于清除钢板下部的磁性粉尘和灰尘。辊子上带有刷毛，辊道支架可根据刷毛的磨损情况进行调节。

　　C　装出料炉门

　　装出料炉门由型钢及钢板焊接而成，内衬耐火材料，同时在炉门和炉门框处采用耐高温耐火材料的凹凸软密封结构。炉门和炉门框都采用水冷却，可以有效地防止炉门变形。炉门配有电动升降机构，在特殊情况下也可手动开启炉门。炉门关闭后，由气动压紧装置压紧，确保密封严密。

　　D　装出料口密封段

　　装料口密封段由压低的炉体结构和密封帘组成。明火加热的辊底式炉没有密封帘。密封帘安装在喉口处，为增强密封效果，一般设置两道密封帘。密封帘外部是由耐热钢组成的挂片，挂片由耐热钢丝连接在一起，内衬耐火纤维毯。密封帘的下部和传送辊道顶面平齐。钢板入炉时冲开密封帘，密封帘下部和钢板上表面接触，从而达到密封的目的。密封帘为活接密封结构安装，可根据使用情况进行更换。

E　炉体钢结构和砌体

辐射管加热的无氧化辊底式炉要求密封性能好，在炉体设计和安装上必须重视密封性和高温膨胀问题。

为保证炉子的密封性，可以在制造厂进行模块化制作，运至现场后再进行连接焊接，减少现场的焊接量，从而减少焊接缺陷。整体炉子安装完成后需进行气密性检查，合格后才能投入使用。否则应查找原因，经修整后重新进行气密性检查，直至合格。

炉体钢结构和砌体组成一个箱体，放置在两条轨道上。在箱体的中部位置设有固定点，使炉子在热态时向两端膨胀。为减小箱体的膨胀阻力，可以在箱体下部设置滚轮或滚球。

对于辐射管加热的无氧化辊底式炉，由于其辐射管加热的特性，最高热处理温度接近1000℃，除了炉底部分采用了一层重质耐火砖外，其他全部为轻质材料。炉内辊道的上部炉体由耐火纤维预制模块和耐火纤维毯组成，大大减轻了炉体重量，减小了炉子的热惰性，绝热效果非常好。

对于固溶热处理炉，其最高热处理温度可达1200℃，一般采用明火加热的辊底式炉。除了部分采用重质耐火材料外，绝大部分为轻质高强度材料，以减少炉体蓄热和增强保温效果。

F　炉内辊道

钢板在炉内辊道上运行完成加热过程。由耐热钢的空腹辊子、中间联轴器、减速机和电机等组成，可以采用单独或成组变频控制。

辐射管加热的无氧化辊底式炉的辊子一般由耐热钢（ZGCr25Ni20，ZGCr25Ni35Nb）空心辊辊身、辊颈和辊轴组合而成。辊子两端轴头上装有调心滚子轴承，轴承座安装在炉子钢结构上的支架处，辊子传动装置安装在基础或钢结构盖板上，并远离炉子外壁以减少辐射热和便于检修。辊子的另一端称为非传动侧，结构和安装要考虑辊子高温状态下的膨胀。炉辊两端辊颈内部填充耐高温的纤维棉，可有效避免炉辊热量传向轴承，延长炉辊轴承的使用寿命。炉辊两端采用整体密封结构，炉辊密封部件包括法兰轴承、气密炉辊密封体、支撑结构和安全盖板，可以保证不会出现由于密封不严而出现的泄漏现象，使炉子始终保持在所要求的工况下运行。

固溶热处理的明火辊底炉的辊子可采用耐热钢 ZGCr28Ni48W5 制作的无水冷空心辊，也可采用 ZGCr25Ni20 制作的中心轴通水冷却的空心辊。水冷轴和辊身之间的空间填充绝热材料，同时为保证强度设置一定数量的耐热钢辊环。

在炉温大于250℃时，炉辊应保持低速运转，防止炉辊受热变形。为防止突然事故断电，炉区应配备紧急事故电源，确保炉底辊的安全。

G　燃烧系统

燃烧系统一般由燃烧装置、空气煤气管道、各种控制阀门、鼓风机、引风机、换热器、烟道、烟囱等组成。辊底式热处理炉的燃料通常为高热值煤气，如混合煤气、焦炉煤气、天然气等。无氧化加热采用辐射管燃烧装置，明火加热可以采用自身预热式烧嘴、高速或亚高速燃气烧嘴。

（1）常规燃气辐射管。燃气辐射管燃烧装置是在密封套管内燃烧，通过受热的套管表面以热辐射的形式把热量传递给钢板，燃烧废气不与钢板接触，不会造成氧化气氛，影响产品表面质量;炉内气氛及加热温度易于控制和调节,非常适用于产品质量要求高的场合。

辐射管加热装置主要由管体、烧嘴和废热回收装置等组成。

烧嘴是辐射管加热装置的核心,辐射管烧嘴常见的形式有平行流烧嘴和旋流烧嘴,二者均采用常温或预热至约 500℃的空气与气体燃料扩散混合燃烧。这种燃烧会产生局部高温区,燃烧的峰值温度较高,辐射管沿长度方向存在较大的温差,对辐射管内表面造成局部高温灼烧及氧化腐蚀。

废热回收装置是提高辐射管加热装置热效率的重要部件,通常用耐热钢铸造而成,回收排烟余热来预热助燃空气。但是烟气余热回收效率仍较低,其热效率难以突破 75%。

(2)蓄热式燃气辐射管。随着高温空气燃烧(HTAC)技术的发展,低热值燃料如高炉煤气应用在辐射管燃烧装置上。使用高热值煤气通常采用单蓄热式辐射管,只预热空气;使用低热值煤气通常采用双蓄热式辐射管,不仅预热空气,也预热煤气。

单蓄热式辐射管燃烧装置结构如图 10-4 所示。冷空气先经 A 烧嘴的蓄热体加热,与燃料混合燃烧。辐射管中的热烟气加热 B 烧嘴的蓄热体后,由烟道排出。经过一段设定的时间后改变辐射管中气体的流动方向,冷空气由 B 烧嘴流入,烟气由 A 烧嘴排出。冷空气和热烟气如此交替地流经 A、B 两烧嘴的蓄热体,通过蓄热体交换热量,空气可预热至接近辐射管管壁温度,烟气温度可降至 200℃以下。空气、烟气流动方向的变换和烧嘴燃料气的通、断是通过专用阀门和控制系统实现的。蓄热式辐射管使用点火燃烧器作为点火源,以保证蓄热式辐射管安全、可靠地工作。

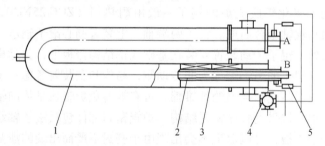

图 10-4 单蓄热式辐射管燃烧装置结构示意图
1—辐射管;2—烧嘴;3—蓄热体;4—换向阀;5—切断阀

双蓄热式辐射管与单蓄热式辐射管燃烧装置相比只是煤气系统不是通、断,而是和空气系统一样不断地变换煤气和烟气的流动方向从而预热煤气。

和传统的辐射管燃烧装置相比,蓄热式辐射管具有下述特点:

1)可以使用低热值煤气如高炉煤气等。

2)实现烟气热量的极限回收。

3)辐射管表面温度分布更均匀。

4)辐射管的使用寿命更长。

蓄热式高温空气燃烧可大幅度节约燃料,燃烧产物中 CO_2 和 NO_x 显著降低。

H 保护气体系统

保护气体通常使用高纯度氮气,有 3 个作用:(1)管路通煤气之前作为煤气管路的吹扫放散;(2)在炉子开炉时进行炉内气体的置换(充保护氮气);(3)正常生产时作为保护气体。设计中保护气体分两段支管，一段用于装出料炉门处的密封气幕，另一段再分别与炉子各段的氮气接入点相连，用于向炉内供入氮气。

煤气系统切断后和冷炉点火前，为确保安全，煤气管道内必须用氮气进行吹扫放散。吹扫放散系统由氮气管道系统和煤气放散管道系统组成。

10.1.2.3 辊底式热处理炉顺序控制

根据钢板的厚度、热处理工艺温度等的不同，钢板在炉外辊道、入炉段、炉内加热、出炉段等处运行速度各不相同，为保证生产的全自动运行，其顺序控制就显得非常重要。

(1) 钢板在炉前辊道的运行：钢板由上料天车吊入放在辊道上后向前运行，经抛丸后钢板进入上料辊道，此时钢板的 ID 号已由操作人员输入炉区控制系统或者由二级系统自动调入，如果此钢板的 ID 号经确认正确，则进入下一道工序。

首先，在辊道上钢板将由对中装置对中。钢板对中后将在原地等待，如果第二段辊道能够容纳此钢板，钢板向前运行。在运行过程中，测长装置将对钢板进行测长。该测量长度会与此钢板的 ID 数据进行比较，以进行确认。如有差异，则需操作人员进行确认。

在炉前辊道区还设有一套刷辊。刷辊在钢板通过时清理钢板的下表面，以免附着的杂质黏到炉底辊上。然后钢板将会运行至装料炉门处，等待入炉。钢板在炉前辊道的运行速度一般为 1～20m/min。

(2) 钢板在辊底炉炉内的运行：当检测到炉内装料区域有足够的空间可以装下将要入炉的钢板并且和前一块钢板尾部之间的间隙等于设定的距离时，就具备了入炉条件。当接到允许入炉信号后，氮气打开形成氮气幕，炉门开启，炉外的装料辊道和炉内装料区辊道同步运行，以最快速度将钢板装入炉内。当入炉钢板的尾部离开设置在装料炉门处的金属检测器后，关闭炉门同时辊道降速，当到达与前一块钢板之间设定的间隔后，钢板按照 PLC 给定的速度转入炉内运行。钢板在入炉时的最高运行速度一般为 20m/min。

钢板在炉内的运行速度取决于钢板的厚度和相应钢种的热处理制度。一般来说，随着钢板厚度的增加，其加热时间延长，运动速度就慢。钢板厚度减小则反之。

钢板在炉内加热的时间随钢板的厚度增加而加长，为了在有限炉长的条件下不同厚度钢板能得到不同的在炉加热时间，炉内辊道必须采取不同的运行制度。炉区 PLC 根据装炉系统提供的钢板数据（品种、长度、宽度、厚度、重量等）自动选择钢板在炉内的运行制度。

1) 连续运行。炉辊的传动速度保持在一定范围内，钢板采用连续运行制度，即在炉钢板以规定的速度（根据钢板的规格）向前运行，当钢板运行到出炉端冷（热）金属检测器位置，检测的钢板温度，若达到工艺要求（如未达到工艺要求的温度，则处于事故状态，采用摆动运行，直到达到要求的工艺温度为止），此时钢板快速出炉。连续运行的速度一般为 0.3～7.5m/min。

2) 摆动运行。在事故情况下，自动或手动进入摆动运行方式。摆动运行制度时、钢板在炉内以 1.5～3m/min 速度按预定的位置周期性摆动。

为了事故状态下的安全保护，设置了两套激光金属检测器，前者限制最后一块钢板头部的位置，后者用以限制最前面一块钢板头部的位置。同时，出炉口处冷（热）金属检测器的位置还作为钢板快速出炉的起始位置。

（3）钢板出炉。在连续运行制度下，钢板头部运行到出炉口处的金属检测器的位置时，自动控制系统发出指令，氮气打开形成氮气幕，炉门开启，炉外淬火机辊道和炉内出料区辊道（根据钢板的长度启动相应的辊道）同步运行。若钢板需要淬火，就以规定的速度（一般最大速度为 60m/min）将钢板送出炉外；若钢板不需要淬火，就以 40m/min 的最高速度将钢板送出炉外。

当钢板尾部离开某根辊道后，辊道减速，以下一块钢板的设定运行速度运行。当钢板的尾部离开出料炉门并被炉外的热金属检测器检测到后，炉门关闭，关闭氮气。同时发出出钢完毕信号。

10.1.3　台车式热处理炉和外部机械化炉

台车式热处理炉和外部机械化炉同属间歇式周期性工作的热处理炉，在进行中厚板热处理时作为连续辊底式热处理炉的补充。根据热处理能力的不同，通常配备 2~4 座台车式热处理炉和 4~8 座外部机械化炉。

台车式热处理炉（图 10-5）的炉底是一活动台车，装出料都是在炉外进行的。装料时，在炉底放置垫铁，将待处理的钢板放在垫铁上，根据装料数量的不同，可以再放置垫铁，装第二层钢板，直至满足装料要求。随后由台车拖曳机构将台车拖入炉内开始加热，按照不同的热处理曲线进行升温。加热完成后，将台车拖出炉外，根据热处理工艺的不同，或在空气中冷却，或进行淬火处理。

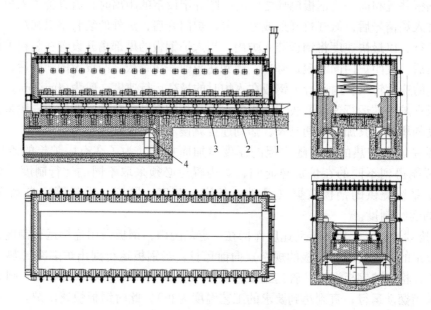

图 10-5　台车式热处理炉示意图
1—炉门；2—烧嘴；3—台车；4—烟道

外部机械化炉（图 10-6）是带有固定热炉底的室式炉，有专门的装出料机械进行装出料。通常 4~8 座外部机械化炉至少配置 1 台装出料机。

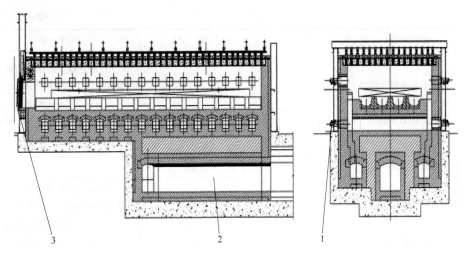

图 10 - 6　外部机械化炉示意图
1—烧嘴；2—烟道；3—炉门

10.2　淬火机

10.2.1　淬火处理

淬火工艺是将钢加热到 A_{c3} 或 A_{c1} 点以上某一温度，保温一定时间，然后在水或油等冷却介质中快速冷却，这种热处理工艺称为淬火。淬火处理的主要目的是把加热后的工件快速冷却，将其组织由奥氏体转变成马氏体，并在随后经适当温度回火处理，获得所需要的综合性能。由于受过冷奥氏体稳定性、截面尺寸及淬火冷却速度等的影响，淬火后的工件不一定能获得全部马氏体，工件内部还可能有贝氏体和珠光体等组织存在。

10.2.2　中厚板淬火机

中厚板淬火机按照结构形式可分为压力式与辊式两种。

（1）压力式淬火机：由美国 Drever 公司于 20 世纪 40 年代开发。压力式淬火机最初用来生产低合金高强板（HSLA），钢板从奥氏体化炉出炉后高速进入淬火机，一旦钢板到位后辊道即停止传动，液压装置驱动辊道下降，使钢板落在淬火机下压床上，随后上压盘下降至钢板上，然后水喷管按事先设定的周期冷却钢板至 M_f 温度以下。淬火周期完成后，压盘打开，辊道抬起将钢板从淬火机送到卸料辊道上。

（2）辊式淬火机：由美国 Drever 公司于 20 世纪 60 年代开发，针对碳钢和不锈钢用水喷射淬火，通过重约 35t 上框架施加抑制力使得钢板处于一个平直的状态；淬火时，向钢板的上下表面喷射大约 128000L/min 的水，保证有一个快速和均匀的冷却过程。

压力式淬火机与辊式淬火机的特点比较见表 10 - 1。

表 10 - 1　压力式淬火机与辊式淬火机的特点比较

序号	比较内容	压力式	辊 式	说 明
1	淬火时钢板的状态	钢板静止	钢板连续移动	对于超厚钢板的淬火，辊式还可以选择摆动冷却方式

序号	比较内容	压力式	辊式	说明
2	处理钢板的最大规格 （厚度×宽度×长度） /mm×mm×mm	(3～100)×约4000 ×约16000	(8～150)×5300 ×约25000	（1）厚度越大的钢板，采用压力式淬火机淬后的性能越不均匀； （2）压力淬火机由于结构原因和使用的经济性原因，对处理钢板的长度有限制
3	冷却速度	高	高	
4	淬后钢板组织均匀性	较差	好	（1）压力淬火从钢板出炉到淬火开始的延时时间平均约45s； （2）辊式淬火机从钢板出炉到淬后开始的延时时间平均约8s； （3）延时时间长对薄钢板和低淬硬性钢板容易在淬火前产生非马氏体组织
5	钢板头尾温差/℃	无	40～100	
6	淬后钢板性能均匀性	较差	好	压力淬火机除第4项造成的性能不均外，对较厚的钢板，淬火后有压头"阴影"，即软点产生
7	淬后钢板平直度	较好	好	（1）对薄板淬火，压力淬火机淬后钢板的平直度好于辊式淬火机； （2）厚板淬火，辊式容易保证淬后钢板的平直度
8	淬后钢板表面质量	较好	好	压力淬火机的压头容易在钢板表面产生压痕
9	淬火效率	较高	高	辊式淬火机采用连续方式
10	设备结构	较简单	较复杂	
11	热处理炉出炉操作 与淬火操作的关系	简单	复杂	（1）压力淬火机只要求钢板快速出炉，对淬火机辊道只有简单的调速要求，对热处理炉出炉辊道没有另增调速要求； （2）辊式淬火机要求钢板的出炉速度与淬火机辊道速度匹配，调速要求高； （3）辊式淬火机对热处理炉出炉辊道的调速要求高
12	淬火水压力消耗量/%	低压60～70	高压、中压100	（1）压力淬火机对供水系统的要求相对较低； （2）有的辊式淬火机还采用高、中、低三段压力
13	用户情况/%	10～15	100	

10.2.3 辊式淬火机

国内某辊式淬火机不同宽度型号的参数见表 10 - 2。

表 10 - 2 国内某辊式淬火机不同宽度型号的参数

序号	主 要 参 数		5000mm 淬火机	4300mm 淬火机	3800mm 淬火机
1	主要尺寸/mm	高压段长度	3273	3273	3273
		低压段长度	19431	19431	19431
		总长度	25137	26210	26240
2	淬火钢板尺寸 /mm	厚 度	5 ~ 150	5 ~ 100	6 ~ 100
		宽 度	900 ~ 4800	900 ~ 4200	900 ~ 3700
		长 度	3000 ~ 26000	3000 ~ 26000	3000 ~ 18000
3	淬火速度/m · min^{-1}		0.5 ~ 40	1 ~ 60	1 ~ 60
4	淬火水压力/MPa	高压段	0.8	0.8	0.8
		低压段	0.4	0.4	0.4
5	淬火水量 /m^3 · min^{-1}	高压段	90	80	76
		低压段	150	100	97
6	高压冷却段	第一组集管	1 对，缝隙式	1 对，缝隙式	1 对，缝隙式
		第二组集管	2 对，三排喷嘴式	2 对，三排喷嘴式	2 对，三排喷嘴式
		第三组集管	6 对，单排喷嘴式	6 对，单排喷嘴式	6 对，单排喷嘴式
7	低压冷却段	第一组集管	17 对，管孔式	17 对，管孔式	17 对，管孔式
		第二组集管	17 对，管孔式	17 对，管孔式	17 对，管孔式
		第三组集管	17 对，管孔式	17 对，管孔式	17 对，管孔式
8	上框架打开 时间/s	高速（液压传动，行程300mm）	3	3	3
		低速（螺旋传动，行程700mm）	350	350	350

10.2.3.1 辊式淬火机设备结构简介

辊式淬火机由供水系统、固定框架、移动上框架、升降系统、辊道和防撞检测装置等组成。辊式淬火机结构如图 10 - 7、图 10 - 8 所示。

A 淬火机的供水系统

淬火机的供水系统分为高压和低压两部分，高压水（0.8MPa）直接由高压泵送到淬火机；低压水（0.4MPa）则由水塔供给。同时，水塔在设备出现事故或热处理车间突然停电时，能够为淬火机提供至少冷却一块钢板的冷却水。

淬火机第一段为高压冷却段，由三组冷却集管组成。第一组为一对上下水帘，第二组为两对三排喷嘴集管，第三组为六对单排喷嘴集管。高压段冷却的目的是通过大流量的紊态射流以超过临界冷却速率的冷却速度冷却钢板。

淬火机第二段为低压冷却段，由三段各 17 对孔式喷管组成。低压段冷却的目的是以

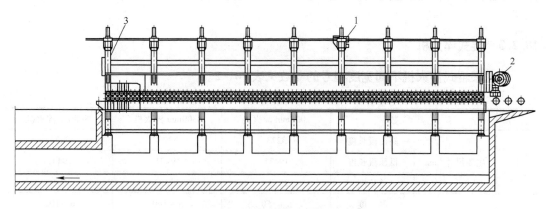

图 10 - 7　辊式淬火机纵剖面图

1—提升装置；2—尾部吹扫；3—固定框架

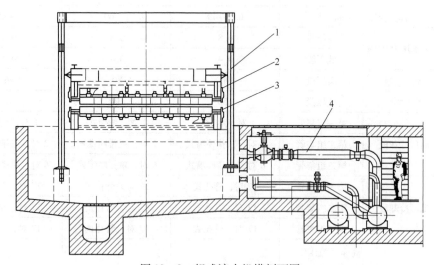

图 10 - 8　辊式淬火机横剖面图

1—固定框架；2—移动上框架；3—缝隙喷头；4—供水管

较低的冷却速率进一步冷却钢板，以减小马氏体转变所产生的组织应力和热应力，并防止钢板的回火。

　　钢板在淬火过程中，淬火机上框架降低，使钢板和上辊道接触，从而保证钢板顺利通过淬火机，以得到较好的平直度。

　　B　固定框架

　　淬火机的固定框架用来支撑供水系统、辊道、移动上框架、升降系统和检测装置等部件。

　　C　移动上框架

　　移动上框架安装在固定框架内，两侧有导轮，可在固定框架内上下移动。移动上框架用于安装上部的喷水集管和上部的辊道。

　　D　移动上框架的调节系统

　　(1) 上框架安装在垂直导向架中，可由安装在横梁上的液压缸 (100mm/s) 和其上的电动螺旋升降机 (1~2mm/s) 传动来升降。

上下框架最大距离能达到 1000mm。

（2）上框架高度检测。上框架高度由线性位置传感器检测，该传感器内安装有丝线和弹簧，传感器固定在上框架上，随上框架上下移动。丝线头固定在固定框架顶端，如果上框架从最高位置下降，丝线从传感器中拉出，传感器给 PLC 一个位置信号。上框架上升时，丝线借助弹簧的力量缩回传感器中。在淬火机 4 个角安装有 4 个线性位置传感器。

　　E　防撞检测装置

防撞检侧装置位于淬火机入口处，固定在淬火机的上框架上。钢板出炉后，首先进入检测区辊道，如果头部翘曲量大于淬火机上部检测辊的设定高度，钢板触碰检测辊后，上框架将依靠液压提升系统快速提升，以防止钢板损坏辊道或喷嘴。

　　F　辊道驱动

上下框架根据其在钢板运输线的不同位置安装有不同形状和直径的辊道。第一组是圆柱、大直径，第二组是小直径，第三组是螺柱辊，便于水流过。辊道由三相电机驱动上下主轴和链条传动。通过锥齿轮，两根主轴连接 5 根万向接轴，每根万向接轴驱动 5 根辊子。变频控制使淬火炉出口和淬火机两者速度保持同步，两个速度传感器分别安装在淬火炉最后一根辊子上和淬火机某一根辊子上。

　　G　水刮板和气吹扫系统

为了从淬火机中得到干板，在淬火机出口侧安装有橡胶刮板和风机，用于吹扫钢板上表面的水。该系统安装在淬火机可动的上框架内，空气由风机提供。

10.2.3.2　辊式淬火机的操作模式

辊式淬火机的操作模式有以下 3 种：

（1）连续淬火。在连续淬火操作模式中，钢板以恒定速度连续通过淬火机完成淬火。钢板通过淬火机的速度（淬火速度）取决于钢板厚度。钢板淬火时，淬火炉内出炉区辊道、淬火机以及淬火机输出辊道均以淬火速度运转。

（2）连续 + 摆动操作。随着钢板厚度的增加，钢板通过淬火机的速度将降低，当钢板达到一定厚度时，采用连续操作模式仍不能使冷却后的温度达到马氏体转变温度，这时就需要采用连续加摆动操作模式，使钢板在低压段以摆动模式进一步冷却，完成马氏体转变。在摆动操作模式下，钢板的长度不能超过低压冷却段的长度。

（3）空过模式。当淬火炉用于常化和回火处理时，由于淬火机不工作，钢板出炉后，应以较快的速度通过淬火机，以减小钢板对淬火机的热辐射。此时，上框架将保持在最高位置，并定期开启高低压段的旁通阀以冷却淬火机内的集管和辊道。

复习思考题

10-1　中厚板热处理炉有哪些类型？

10-2　简单叙述辊底式热处理炉的结构特点。

10-3　简单叙述台车式热处理炉和外部机械化炉的结构特点。

10-4　中厚板淬火机有哪几种结构形式？

参 考 文 献

[1] 王国栋. 中国中厚板轧制技术与装备 [M]. 北京：冶金工业出版社, 2009.

[2] 崔风平, 孙玮, 刘彦春. 中厚板生产与质量控制 [M]. 北京：冶金工业出版社, 2008.

[3] 孙本荣, 王有铭, 陈瑛. 中厚钢板生产 [M]. 北京：冶金工业出版社, 1993.

[4] 张景进. 中厚板生产 [M]. 北京：冶金工业出版社, 2005.

[5] 《钢铁厂工业炉设计参考资料》编写组. 钢铁厂工业炉设计参考资料 [M]. 北京：冶金工业出版社, 1979.

[6] 王秉铨. 工业炉设计手册 [M]. 北京：机械工业出版社, 1981.

[7] GB/T 15574—1995 钢产品分类 [S].

[8] GB/T 709—2006 热轧钢板和钢带的尺寸、外形、重量及允许偏差 [S].

[9] GB/T 14977—2008 热轧钢板表面质量的一般要求 [S].

[10] GB/T 247—2008 钢板和钢带包装、标志及质量证明书的一般规定 [S].

[11] 孙卫华, 孙浩, 孙玮. 我国中厚板生产现状与发展 [C]. 2000 年中厚板技术信息暨轧辊技术交流会论文集, 济南, 2000.

[12] 黄庆学, 梁爱生. 高精度轧制技术 [M]. 北京：冶金工业出版社, 2002.

[13] 蔺文友. 冶金机械安装基础知识问答 [M]. 北京：冶金工业出版社, 1997.

[14] 丁修坤. 轧制过程自动化 [M]. 北京：冶金工业出版社, 1986.

[15] 孙一康. 带钢热连轧的模型与控制 [M]. 北京：冶金工业出版社, 2002.

[16] 王廷溥. 轧钢工艺学 [M]. 北京：冶金工业出版社, 1981.

[17] 王廷溥. 板带材生产原理与工艺 [M]. 北京：冶金工业出版社, 1995.

[18] 曲克. 轧钢工艺学 [M]. 北京：冶金工业出版社, 1991.

[19] 中国金属学会热轧板带学术委员会. 中国热轧宽带钢轧机及生产技术 [M]. 北京：冶金工业出版社, 2002.

[20] 邹家祥. 轧钢机械 [M]. 3 版. 北京：冶金工业出版社, 1999.

[21] 杨固川. 中厚板生产设备概述 [J]. 轧钢, 2004, 21 (1)：38 - 41.

[22] 杨固川. 滚切式双边剪和定尺剪联合剪切机组的应用 [J]. 冶金设备, 2003 (2)：50 - 52.

[23] 贺达伦, 袁建光, 杨敏. 建设中的宝钢 5m 宽厚板轧机 [J]. 轧钢, 2003 (6)：36 - 39.

[24] 王有铭, 李曼云, 韦光. 钢材的控制轧制和控制冷却 [M]. 北京：冶金工业出版社, 1995.

[25] 冶金工业部有色金属加工设计研究院. 板带车间机械设备设计（上、下） [M]. 北京：冶金工业出版社, 1983.

[26] 赵刚, 杨永立. 轧制过程的计算机控制系统 [M]. 北京：冶金工业出版社, 2002.

[27] 喻廷信. 轧钢测试技术 [M]. 北京：冶金工业出版社, 1986.

[28] 黎景全. 轧制测试技术 [M]. 北京：冶金工业出版社, 1984.

[29] 刘天佑. 钢材质量检验 [M]. 北京：冶金工业出版社, 1999.

[30] 张筱琪. 机电设备控制基础 [M]. 北京：中国人民大学出版社, 2000.

[31] 滕长岭. 钢铁产品标准化工作手册 [M]. 北京：中国标准出版社, 1999.

[32] 冶金工业信息标准研究院冶金标准化研究所. 钢板钢带及相关标准汇编 [M]. 北京：中国标准出版社, 1998.

[33] 赵志业. 金属塑性变形与轧制理论 [M]. 北京：冶金工业出版社, 1980.